Java Web

应用开发
技术教程

张庆华　程国全　王　转　贺可太　编著

清华大学出版社

北　京

内 容 简 介

本书系统介绍了 Java Web 应用开发技术基础知识,全书共 8 章,主要包括 Java 语言语法基础,Java 面向对象编程,Java 数据库编程,HTML、CSS 和 JavaScript,JSP 技术以及 Servlet 技术等相关内容,相关章节有示例代码和详细的代码解析,各章后附有习题,帮助读者加深理解和巩固相关知识。以本书为基础,后续可以进一步学习 Java Web 应用系统开发的高级技术。

本书可以作为高等院校非计算机专业的本科生、硕士生教材或者教学参考书,也可以作为相关技术人员的培训教材。

图书在版编目(CIP)数据

Java Web 应用开发技术教程/张庆华等编著.—北京:清华大学出版社,2022.3(2025.2重印)
ISBN 978-7-302-60166-1

Ⅰ.①J… Ⅱ.①张… Ⅲ.①JAVA 语言—程序设计—教材 Ⅳ.①TP312.8

中国版本图书馆 CIP 数据核字(2022)第 030444 号

责任编辑:许 龙
封面设计:傅瑞学
责任校对:赵丽敏
责任印制:沈 露

出版发行:清华大学出版社
　　　网　　址:https://www.tup.com.cn,https://www.wqxuetang.com
　　　地　　址:北京清华大学学研大厦 A 座　　　邮　　编:100084
　　　社 总 机:010-83470000　　　　　　　　邮　　购:010-62786544
　　　投稿与读者服务:010-62776969,c-service@tup.tsinghua.edu.cn
　　　质量反馈:010-62772015,zhiliang@tup.tsinghua.edu.cn
印 装 者:涿州市般润文化传播有限公司
经　　销:全国新华书店
开　　本:185mm×260mm　　**印　张**:15.5　　　　　**字　　数**:373 千字
版　　次:2022 年 3 月第 1 版　　　　　　　　　　**印　　次**:2025 年 2 月第 3 次印刷
定　　价:45.00 元

产品编号:095383-01

前　言

FOREWORD

在实际教学中,很多学生都会出现这种情况:课上完了,老师把书中该讲的知识点都讲了,可是还是不会编写代码,还是不会开发 Web 应用系统。对此问题,作者认为主要原因是学生对一些开发技术的概念、原理理解起来有一定问题,从而影响对代码的理解,无法编写代码,上机时感到无从下手。要解决这个问题,必须要使用通俗易懂的语言采用生活中学生们熟悉的事例进行讲解,从根本上解决问题,避免出现"授课很成功,学生不会编写代码"的现象。

另外,由于部分专业的教学学时有限,无法安排"Java 程序设计"和"Web 开发技术"两门课程,学生需要分别学习"Java 程序设计"和"Web 开发技术"。而对于所学专业 Web 应用系统的开发,可能不需要学习全部的 Java 程序设计和 Web 开发技术相关知识,迫切需要一本能够面向没有 Java 基础的初学者讲授 Java 语言与 Web 应用开发的教材。

为此,我们编写了这本适合非计算机专业学生学习 Java Web 应用开发技术的教材,以通俗易懂的生活事例讲解相关技术原理,着重培养学生对开发工具和开发方法的实际运用能力。书中有翔实的示例代码及运行结果解析,使学生通过运行代码、阅读解析掌握相关技术。通过本书的学习,学生在掌握常用的开发工具和开发方法的基础上,增强独立开发 Web 系统技术的能力,为后续专业课的学习和就业提供有力支持。

本书以 Java 语言语法基础、Java 面向对象编程、Java 数据库编程、HTML、CSS 和 JavaScript、JSP 技术、Servlet 技术等相关知识为主要内容,面向非计算机专业学生介绍 Java Web 应用开发技术。全书共 8 章,其中第 2～3 章介绍 Java 语言语法基础和 Java 面向对象编程,第 4 章介绍 Java 数据库编程,第 5 章介绍 HTML、CSS 和 JavaScript 等相关知识,第 6～7 章介绍 JSP 和 Servlet 相关技术,第 8 章结合实际应用技术的介绍对 Web 应用示例进行了优化完善。具体如下。

第 1 章介绍 Java 语言、开发环境的搭建等相关知识,使学生对 Java 程序结构和调试代码有一定的了解,为后续深入学习具体知识打基础。

第 2 章是 Java 语言语法基础,对标识符、常量与变量、数据类型、运算符和表达式、数组、字符串和流程控制语句等进行了介绍。本章给出了若干综合示例,帮助学生理解和掌握相关知识。

第 3 章是 Java 面向对象编程,对 Java 类、继承等进行了介绍,结合综合示例使学生了解和掌握相关技术。

第 4 章是 Java 数据库编程,介绍了数据库相关基本概念、常用的 SQL 命令和 JDBC 访问数据库。本章对数据库访问结构进行了优化,给出了一个参考模型,便于学生进一步学习相关数据库持久层框架。

第 5 章系统介绍了 HTML、CSS 和 JavaScript 以及 JavaScript 与 HTML 交互处理等相关基础技术,为学习 JSP 相关应用知识打基础。本章能够使初学者避免单独自学这些技术导致影响 JSP 技术学习的情况。

第 6 章是 JSP 技术，对 JSP 基本语法、JSP 内置对象等进行了介绍，并给出了示例。

第 7 章是 Servlet 技术，介绍了 Servlet 服务响应机制、Servlet 的工作过程、Servlet 过滤器和 MVC 模式等相关技术。

第 8 章结合实际应用相关需求，对前面章节的 Web 应用示例进行了优化完善，提高系统的容错能力，介绍了前后台输入数据校验、参数传递、查询记录及基于数据表中的数据创建下拉列表等相关技术。

书中的代码根据学生对相关知识的理解程度调整了语言文字和示例，已在中小学生和多个专业的大学生中间试用。

本书各章都配有练习题，紧扣教学内容，其中部分可选作上机练习题。

本书使用对象是非计算机科学与技术相关专业的本科生、硕士生以及相关技术人员，为了便于学生自学，在编写过程中，本书力求语言简练、通俗易懂、由浅入深，着力以生活中的事例讲解相关概念和技术原理，简单明了、实用性强。

本书可作为高等学校机械工程、自动化、物流工程、物流管理、工业工程、管信等专业本科生信息系统开发技术的教材或参考书，也可作为互联网信息平台开发人员的技术培训参考教材。

感谢王欢、沙桂东、张文曦、张铠、李晶、田彦荣等对本书代码验证、文字录入和图表绘制等相关工作给予的支持。

感谢北京科技大学附属小学的张博涵同学、北京科技大学附属中学的张博文同学在试用本书时提出的宝贵意见。

虽经作者再三努力，书中内容难免有疏漏之处，恳请读者指正，更请同行不吝赐教，提出宝贵意见与建议，不断对本书进行完善。

作　者

2021 年 11 月于北京

目 录

CONTENTS

第 1 章

绪 论

1.1　Java 语言简介

Java 是 Sun Microsystems 公司的 Java 面向对象程序设计语言和 Java 平台的总称,由 James Gosling 和其同事们共同研发并在 1995 年正式推出。

对于初学者,需要了解以下几个 Java 语言的主要特点。

1. 简单

Java 语言不使用指针,不使用很难理解的、令人迷惑的特性,初学者很容易学习和使用 Java 语言。

2. 面向对象

Java 语言提供类、接口和继承等机制,支持面向对象编程,与人们对事物认识的思维逻辑更为接近。Java 语言是一种纯粹的面向对象程序设计语言。

3. 跨平台

Java 程序的运行需要 Java 标准版开发套件(Java SE Development Kit,JDK)的支持, Java 开发套件包括一个专用的 Java 虚拟机(Java Virtual Machine,JVM)和一些其他资源来完成 Java 应用程序的开发。对应不同的操作系统,提供了对应的程序包,如 Windows、 Linux 等。JDK 在 Java 代码和操作系统之间起到了隔离缓冲的作用,实现了 Java 的平台无关性。Java 程序(扩展名为.java 的文件)在 Java 平台上被编译为体系结构中立的字节码格式(扩展名为.class 的文件),通过虚拟机减少对操作系统的直接依赖,可以在具备 Java 运行环境的任何系统中运行。

4. 多线程

线程是程序中的一个控制的运行流程。每个线程使用一个 CPU,对于单 CPU 的计算机,只能有一个线程,现代操作系统都支持多线程。操作系统通过虚拟机抽象使系统表现出有多个虚拟 CPU,每个线程拥有一个虚拟 CPU。Java 语言支持多个线程的同时执行,并提供多线程之间的同步机制。

5. 可重用

可重用是指一个软件项目中的所开发的模块,能够不仅限于在该工程中使用,也可以重复地应用在其他项目中。Java 的可重用性比较高,这也是其得到广泛应用的原因之一。

1.2　开发环境搭建

为了提高适用性,本书选用的开发工具的版本是大多数计算机环境都支持的版本,而不是追求版本最新。

Java 开发 Web 应用需要用的工具有 JDK(见 https://www.oracle.com/java/technologies/javase-downloads.html)、Tomcat(见 https://tomcat.apache.org/)、Eclipse(见 https://www.eclipse.org/downloads/packages/)和 MySQL 数据库(见 https://downloads.MySql.com/archives/community/)等,可以从相关的网站下载或者从别处复制。

开发工具的安装路径不能有空格、中文字符,以免引起不必要的错误。

1.2.1　JDK 的安装及配置

不同的操作系统 JDK 的安装过程略有不同,并且 JDK 的版本在不断更新,本书以常用的 Windows 10 中文操作系统、JDK1.8 为例介绍 JDK 的安装及配置过程,JDK 其他版本的安装及配置与此类似。

安装并配置 JDK1.8 的详细步骤如下。

(1) 运行 JDK1.8 的安装文件,注意安装路径的选择,一般不将这类软件与系统文件放在同一个分区,建议读者在 D 盘根目录中新建一个 javatools 文件夹,将 JDK1.8 安装到新建的 D:\javatools\jdk1.8 文件夹中,安装后 D:\javatools\jdk1.8 文件夹中包含 bin、lib 等文件夹。安装完 JDK1.8,安装文件会自动提示安装 JRE,按同样的方法将 JRE 安装到新建的 D:\javatools\jre1.8 文件夹下,同样地,安装后 D:\javatools\jre1.8 文件夹中包含 bin、lib 等文件夹,如图 1-1 所示。

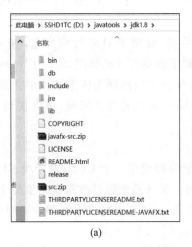

(a)　　　　　　　　　　　　　　(b)

图 1-1　JDK、JRE 文件夹

(a) 安装 JDK1.8；(b) 安装 JRE1.8

注意,由于读者的开发环境及相关配置可能与本书不同,示例图部分细节可能会与本书中的有所不同。

（2）安装完成后,需要进行系统环境变量的配置,步骤如下。

① 在资源管理器中右击"此电脑",在弹出的快捷菜单中选择"属性"命令,单击"高级系统设置"选项,在"高级"选项卡中单击"环境变量"按钮,如图1-2所示。

图 1-2 选择环境变量

（a）选择"属性"命令；（b）单击"环境变量"按钮

② 配置 JAVA_HOME 环境变量：在"环境变量"对话框中"系统变量"列表框下单击"新建"按钮,如图1-3(a)所示。在弹出的"编辑系统变量"对话框的"变量名"文本框中输入JAVA_HOME,"变量值"为安装 JDK 的路径 D:\javatools\jdk1.8,然后单击"确定"按钮,如图1-3(b)所示。

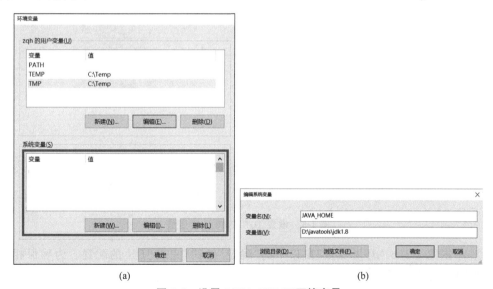

图 1-3 设置 JAVA_HOME 环境变量

（a）"环境变量"对话框；（b）配置 JAVA_HOME 环境变量

③ CLASSPATH 的配置：在"环境变量"对话框中"系统变量"列表框中如果没有 CLASSPATH 属性，则单击"新建"按钮。在弹出的"新建系统变量"对话框的"变量名"文本框中输入 CLASSPATH，在"变量值"文本框中输入"．；D：\javatools\jdk1.8\lib\dt.jar；D：\javatools \jdk1.8\lib\tools.jar"，如图 1-4 所示。相关的符号为半角，注意，不要忽略"．；"，否则运行程序会报错。

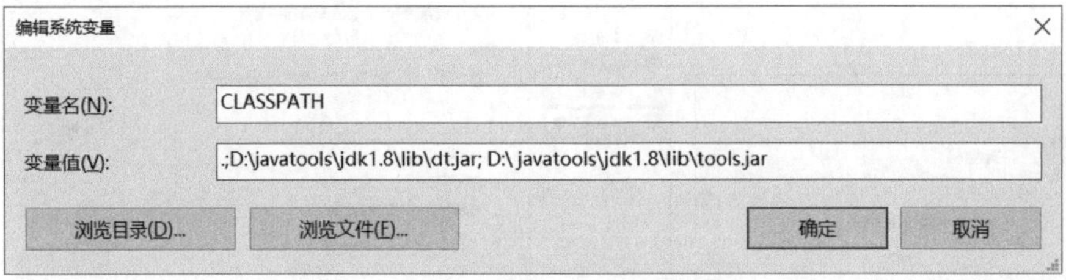

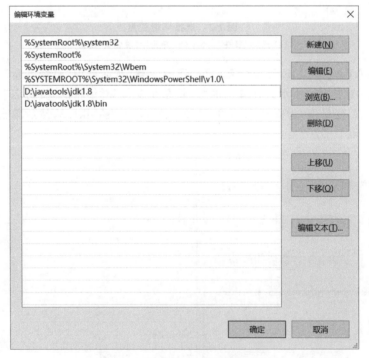

图 1-4　设置 CLASSPATH 环境变量

④ 配置 Path 环境变量：在"系统变量"列表中找到 Path 环境变量，单击"编辑"按钮，在弹出的"编辑环境变量"对话框中单击"新建"按钮。在"变量值"文本框中输入安装的 JDK1.8 所在目录下的 bin 目录位置，这里为 D：\javatools\jdk1.8，通过类似操作，添加 D：\javatools\jdk1.8\bin，如图 1-5 所示。然后单击"确定"按钮完成配置 Path 环境变量的配置。

图 1-5　设置 JDK Path 环境变量

⑤ 单击图 1-2(b)"环境变量"窗口中的"确定"按钮，完成 JDK 的配置。为确保相关配置生效，可以重启计算机。

（3）检验 JDK 的安装及环境变量配置是否成功：在"开始"（Windows 界面左下角的窗口图标）→"所有程序"→"Windows 系统"中找到"命令提示符"，打开"命令提示符"窗口，输

入 java -version(注意,java 后有一个空格)并按 Enter 键,会显示 Java 版本信息,如:

```
java version "1.8.0_112"
Java(TM) SE Runtime Environment (build 1.8.0_112 - b15)
Java HotSpot(TM) 64 - Bit Server VM (build 25.112 - b15, mixed mode)
```

JDK 安装完毕。

1.2.2 Tomcat 的安装及配置

Java 开发的 Web 应用的运行需要 Web 服务器的支持,常用的 Web 服务器是 Tomcat。Tomcat 是一个小型的轻量级应用服务器,在中小型系统和并发访问用户不是很多的场合下被普遍使用,是开发和调试 Java Web 应用的首选。对于初学者来说,可以这样认为,当在一台机器上配置好 Tomcat,可利用它响应对客户端网络浏览器的访问请求。

Tomcat 可以从 tomcat.apache.org 上下载,目前主要提供 zip 压缩包。下载后,解压到 D:\javatools\Tomcat,解压后 D:\javatools\Tomcat 文件夹中包含 bin、lib、webapps 等子文件夹(如果解压后的路径与此不同,可以通过移动文件夹、重命名文件夹与本书保持一致),然后进行相关配置,配置方法与 JDK 类似,其配置步骤简单介绍如下。

(1) 右击"此电脑"在弹出的快捷菜单中选择"属性"命令,单击"高级系统设置"选项,在"高级"选项卡中单击"环境变量"按钮,在弹出的"环境变量"对话框的"系统变量"列表框下单击"新建"按钮。

在"变量名"文本框中输入 CATALINA_HOME,在"变量值"文本框中输入 D:\javatools\Tomcat,单击"确定"按钮,完成 CATALINA_HOME 的配置。用同样的操作方法创建环境变量 CATALINA_BASE,其值为 D:\javatools\Tomcat。

(2) 修改环境变量中的 classpath,追加路径%CATALINA_HOME%\lib\servlet-api.jar。注意,配置 JDK 时已经设置的"classpath=.;%JAVA_HOME%\lib\dt.jar;%JAVA_HOME%\lib\tools.jar;"追加后如下:

```
classpath = .; % JAVA_HOME % \lib\dt.jar; % JAVA_HOME % \lib\tools.jar; % CATALINA_HOME % \lib\
servlet - api.jar;
```

在 tomcat\conf 下有一个 server.xml 文件,用记事本打开找到 Connector 这一行,其中 port="8080" 是访问时需要的端口。为了支持 UTF-8 编码,在这一行的后面加上 URIEncoding="UTF-8",如下所示:

```
< Connector connectionTimeout = "20000" port = "8080" protocol = "HTTP/1.1" redirectPort =
"8443" URIEncoding = "UTF - 8"/>
```

完成上述环境变量设置后,可以启动 Tomcat,打开"命令提示符"窗口,输入"d:"并按 Enter 键,输入"cd D:\javatools\Tomcat\bin"并按 Enter 键,然后输入 startup 并按 Enter 键,会打开 Tomcat 启动窗口。Tomcat 窗口启动成功后,会在窗口中显示 Server startup in XX ms,XX 为数字,表示 Tomcat 启动用时,不同的计算机环境具体数值会不同。

启动网页浏览器,访问 http://localhost:8080,如果看到 Tomcat 的欢迎页面则说明安装成功。

如果要关闭 Tomcat,在前面输入 startup 的命令提示符窗口中输入 shutdown 并按 Enter 键,Tomcat 会关闭。

上面的启动、关闭是控制台命令行方式,也可以通过运行 D:\javatools\Tomcat\bin 目录下的 service. bat 文件将 Tomcat 安装到系统服务中,在服务中启动和关闭。

1.2.3 Eclipse 的安装及配置

Eclipse 是一个常用的集成开发工具,为开发 Java Web 应用提供了很多便捷工具。Eclipse 支持很多语言的开发,Java 开发要下载 Eclipse IDE for Java Developers 版本。Eclipse 安装包是一个 zip 压缩文件,解压到 D:\javatools\Eclipse 路径下,解压后 D:\javatools\Eclipse 文件夹中包含 eclipse. exe 等文件及文件夹,运行 D:\javatools\Eclipse\eclipse. exe 启动 Eclipse。为了方便使用,可以对 D:\javatools\Eclipse\eclipse. exe 建立一个快捷方式放在工具栏中。

在第一次运行 Eclipse 时,会提示工作空间 Workspace 的位置,建议使用 D:\Prgs 文件夹,便于统一管理开发的程序。启动后的 Eclipse 会打开欢迎介绍标签窗口,单击 Welcome 标签右侧的叉号 Welcome ✖ 关闭该标签窗口后用户界面如图 1-6 所示。

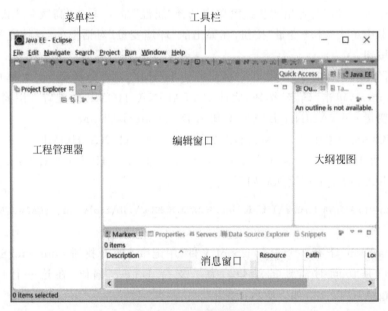

图 1-6　Eclipse 初始界面

Eclipse 是多个窗口的集合,每个窗口包含菜单栏、工具栏、快捷方式栏以及一个或者多个视图。菜单栏通常包括 File、Edit、Navigate、Search、Project、Run、Window、Help 等一级菜单,部分一级菜单动态出现在菜单栏,一般位于 Edit 和 Project 菜单之间,这类菜单和当前处于操作中的视图相关。

File 菜单中的 New 子菜单用于创建 Project、Folder、File 等,Import and Export 菜单项用来导入文件到 Eclipse 中,或者导出文件。

Project 菜单中 Open Project、Close Project 和 Build Project 等用于打开、关闭和编译工程。

Run 菜单中的 Run 等菜单项用于运行和调试程序等相关处理。

Window 菜单中的 Perspective 子菜单用于管理各个视图,可以根据开发过程中的需要打开不同的视图。Show View 子菜单用来显示视图。Preferences 首选项菜单用于进行相关的配置。

下面配置 JDK 和 Tomcat。

1. 配置 JDK

(1) 选择 Window→Preferences 命令,在弹出的对话框中找到 Java 选项,然后展开,选择 Installed JRES 选项,可以看到右侧已有的 JDK 配置,如果第一次使用 Eclipse,可能为空,如图 1-7 所示。

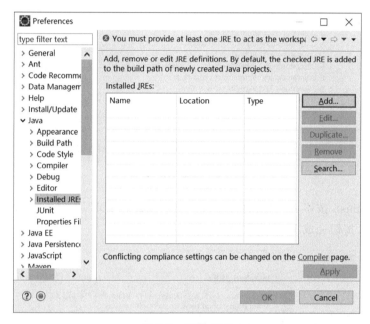

图 1-7 配置 JDK

(2) 单击 Add 按钮弹出选择 JRE 类型对话框,如图 1-8 所示。选择 Standard VM 选项,单击 Next 按钮。

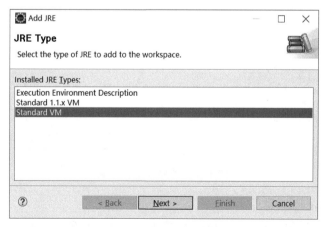

图 1-8 选择 JDK 类型

（3）在弹出的对话框的 JRE home 文本框中输入 D：\javatools\jdk1.8，在 JRE name 文本框中输入 jdk1.8，如图 1-9 所示。

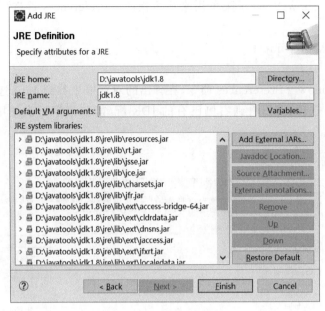

图 1-9　设置 JDK 参数

（4）单击 Finish 按钮，在返回的界面选中刚刚配置的 JDK，指定默认的 JDK，如图 1-10 所示。单击 OK 按钮完成 JDK 的配置。

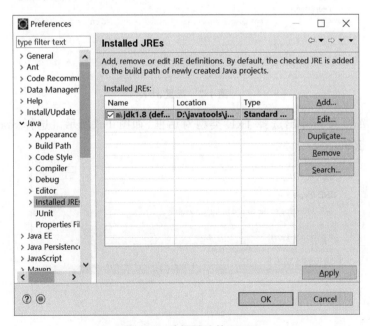

图 1-10　选择默认的 JDK

2. 配置 Tomcat

开发 Java Web 应用，需要在 Eclipse 中配置 Tomcat，配置步骤如下。

（1）选择 Window→Preferences 命令，在弹出的对话框中选择 Server，展开 Server 选中 Runtime Environments，也可以直接在文本搜索框中输入，如图 1-11 所示。

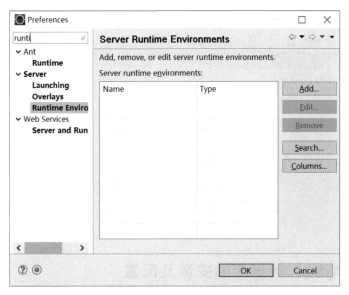

图 1-11 打开 Server Runtime Environments 对话框

（2）单击 Add 按钮弹出选择 Tomcat 版本对话框，例如选择 7.0 版本。

图 1-12 选择 Tomcat 版本

（3）单击 Next 按钮，在弹出的对话框中选择 Tomcat 的安装路径，同时可以选择 JRE 为安装的 jdk1.8，如图 1-13 所示。

单击 Finish 按钮，再在返回的对话框中单击 OK 按钮，完成 Tomcat 的配置。

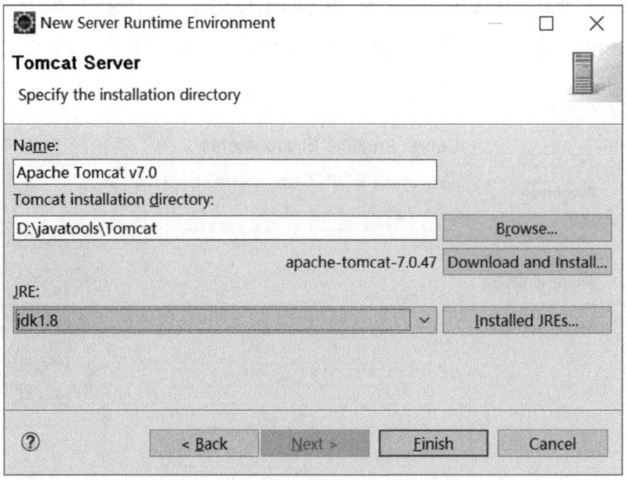

图 1-13   选择 Tomcat 路径

1.2.4 MySQL 数据库的安装及配置

从简单适用的角度出发,本书选用 MySQL 5.17 的 zip 版本。将 zip 文件解压到 D:\javatools\MySql 文件夹,解压后该文件夹中包含 bin 等目录。

在 D:\javatools\MySql 文件夹中右击创建文本文档,命名为"安装服务.bat",编辑内容如下:

```
@echo 正在安装 MySQL
cd bin
MySqld.exe -- install MySql517 -- defaults - file = "D:\Javatools\MySql\my - medium.ini"
@pause
cd..
```

保存,然后在"安装服务.bat"上右击,以管理员身份运行,运行结束后按任意键退出提示窗口。打开系统服务(打开"命令提示符"窗口,输入"services.msc"并按 Enter 键),向下滚动服务列表,可以看到安装的 MySql517 服务,如图 1-14 所示。

在选中 MySql517 服务的状态下单击工具栏中的"启动服务"按钮启动服务,就可以用 MySQL Workbench 等 MySQL 数据库管理工具进行管理,相关的管理工具很多,读者可以自行安装使用,本书不再赘述。

MySql517 初始状态没有设置密码,如图 1-15 所示。

如果要设置密码,可以采用命令行方式修改密码,通过 password 对密码进行加密,步骤如下。

(1) 打开"命令提示符"窗口,输入"d:"并按 Enter 键,再输入"cd D:\javatools\MySql\bin"并按 Enter 键,进入 D:\javatools\MySql\bin 文件夹。

(2) 在命令行输入"MySql -uroot -p"并按 Enter 键,出现 password:时直接按 Enter 键,出现"MySql>"提示符。

图 1-14　查看 MySql517 服务

Host	User	Password	Select
localhost	root		Y
127.0.0.1	root		Y
localhost			N

图 1-15　MySql517 初始状态

　　如果提示要求输入密码,可以编辑配置文件 my-medium.ini,在 MySql 下面添加一行 skip-grant-tables,保存并退出。重新启动 MySql517 服务后再进行相关操作。注意,这种方式在更改密码结束后,要将添加到配置文件 my-medium.ini 中的 skip-grant-tables 删除再重启 MySql517 服务。

　　(3) 输入"use MySql;"并按 Enter 键,更改当前使用的数据库为 MySQL。

　　(4) 输入"update user set password＝password("123456") where user＝"root""为 root 用户设置新密码"123456"。

　　(5) 输入"flush privileges;"并按 Enter 键,刷新数据库。

　　(6) 输入"exit"退出。

　　关于上面的操作过程,控制台窗口中的提示消息如下所示:

```
D:\javatools\MySql\bin＞MySql－uroot－p
Enter password:
Welcome to the MySQL monitor. Commands end with ; or \g.
Your MySQL connection id is 8
Server version: 5.1.70－community－log MySQL Community Server (GPL)

Copyright (c) 2000, 2013, Oracle and/or its affiliates. All rights reserved.

Oracle is a registered trademark of Oracle Corporation and/or its
affiliates. Other names may be trademarks of their respective
owners.
```

```
Type 'help;' or '\h' for help. Type '\c' to clear the current input statement.

MySql > use MySql;
Database changed
MySql > update user set password = password("123456") where user = "root";
Query OK, 2 rows affected (0.40 sec)
Rows matched: 2 Changed: 2 Warnings: 0

MySql > flush privileges;
Query OK, 0 rows affected (0.00 sec)

MySql > exit
Bye

D:\javatools\MySql\bin >
```

修改了访问密码后,相关的数据库维护工具中数据库连接的配置要相应修改。

设置了密码后,程序访问 MySQL 数据库时用户要先通过密码登录后才能访问。

安装完上述工具后,文件夹如图 1-16 所示。

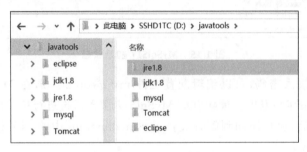

图 1-16 开发工具文件夹

1.3 认识 Java 程序

1.3.1 在 Eclipse 中设置编码

在正式编码前,需要对默认的编码进行设置,修改 Eclipse 默认工作空间编码方式为 UTF-8 的步骤如下。

(1) 选择 Window→Preferences 命令,在弹出的窗口中选择 General→Workspace 选项。

(2) 在右侧参数设置窗口中,选中 Text file encoding 下面的 Other 单选按钮,在其右侧的下拉列表中选择 UTF-8 选项,如图 1-17 所示。单击 OK 按钮关闭窗口,完成编码设置。

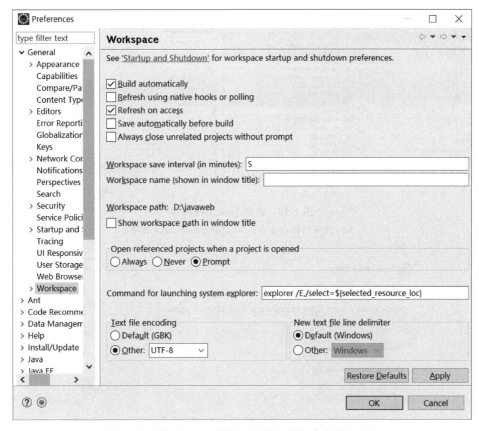

图 1-17 设置 Eclipse 默认工作空间编码方式为 UTF-8

1.3.2 在 Eclipse 中创建工程

一个软件可能由很多程序共同实现相关的功能,在大多数软件开发工具中都是通过建立工程项目的方式,将相关的文件和资源组织在一起。面向不同的应用场景和功能需求,建立的工程类型也不同。Eclipse 能够建立多种类型的工程,下面先从 Java 工程的建立入手,逐渐熟悉和掌握开发工具的使用。

建立一个 Java 工程的步骤如下。

(1)启动 Eclipse,在主菜单中选择 File→New→Java Project 命令,如果没有 Java Project 菜单项,如图 1-18(a)所示,可以选择 Project 命令,在弹出的对话框中选择 Java Project 选项,如图 1-18(b)所示。

(2)这时会弹出一个新建 Java 工程的参数设置窗口,在 Project name 文本框中输入工程名 chap1,Location 中显示工程的磁盘存储文件夹,一般默认存储在工作空间下新建的一个与工程名同名的文件夹。窗口中还有其他的相关参数,先采用默认值,不需要修改。单击 Finish 按钮,创建工程文件,如图 1-19 所示。如果在创建的过程中出现其他的提示对话框,单击 OK 按钮接受默认处理方式即可。

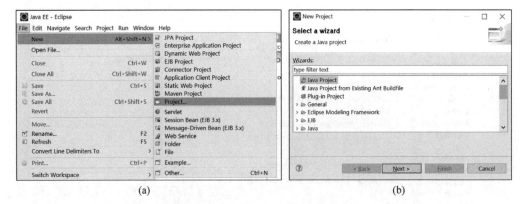

图 1-18   选择 Java 工程向导

(a) 选择 Project 命令；(b) 选择 Java Project 选项

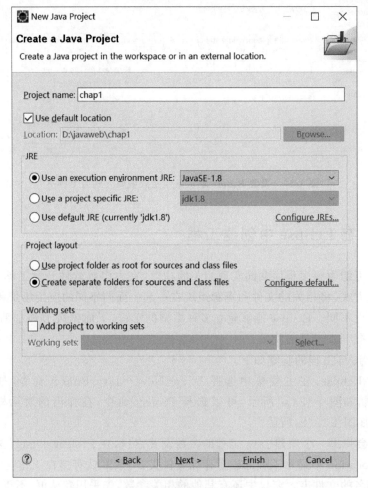

图 1-19   创建 Java 工程

工程建好后，chap1 出现在工程管理器中，这时 chap1 是一个空的工程结构，后续要新增相关的代码文件，源代码文件默认保存在 src 目录下，如图 1-20 所示。

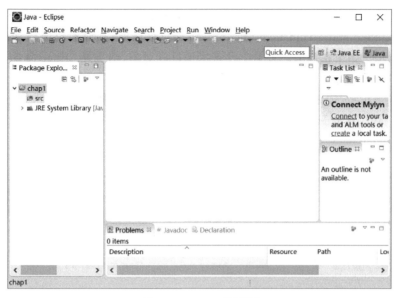

图 1-20 Java 工程界面

1.3.3 认识 Java 程序

Java 程序采用类来组织代码,下面创建一个简单的 Java 程序,创建一个 HelloWorld 类,在控制台输出"Hello World!"。步骤如下。

(1) 在主菜单中选择 File→New→Class 命令,如图 1-21(a)所示,在弹出的对话框中进行类相关参数设置,在 Package 文本框中输入包名 chap1samp,在 Name 文本框中输入类名

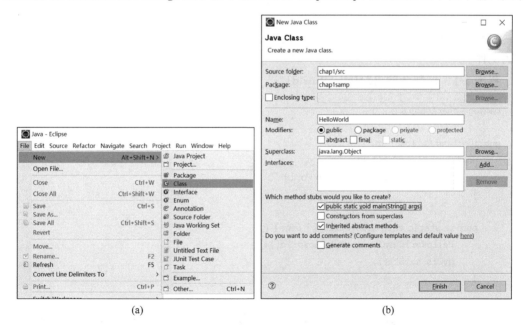

(a)   (b)

图 1-21 创建 HelloWorld

(a) 选择 File→New→Class 命令;(b) 设置 HelloWorld 类参数

HelloWorld(Java 建议类名的首字母大写),当这个文本框为空时,会提示 Type name is empty,选中 public static void main(String[] args)复选框,其他参数保持默认值不变,如图 1-21(b)所示。如果在弹出的菜单中没有找到目标对象,则选择 Other 命令,在之后弹出的对话框中进行操作。

（2）单击 Finish 按钮,创建源代码,在左侧资源管理器中 src 下会出现 chap1samp→HelloWorld. java,双击 HelloWorld. java 打开源代码文件,如图 1-22 所示。

图 1-22　查看 HelloWorld. java 源代码

编辑源代码如程序 1-1 所示。注意,代码中的所有字符均为半角,编辑后注意要保存源代码文件。

程序 1-1　控制台输出"Hello World!"

```java
package chap1samp;

public class HelloWorld {
    public void saySth() {
        System.out.println("Hello World!");
    }

    public static void main(String[] args) {
        HelloWorld myCls = new HelloWorld();
        myCls.saySth();
    }
}
```

Java 是面向对象程序开发语言,将事物抽象概括为具有属性和行为的一类对象,属性的变化是通过相关行为实现的,例如,人的属性有身高,身高的变化受吸收营养和体育锻炼等行为的影响。Java 中用类的英文 class 作为关键字来标识类,class 后面紧跟以大写字母开头的类名,类中定义该类对象的属性和方法。class 后第一个和后面对应的大括号之间的内容称为类体。

一个应用程序可能会由很多不同的程序协同工作共同完成相关的业务处理,当多个不同的程序开发者在编写代码时,很可能会用到相同的类名,把为同一个业务而开发的应用程序放在一起管理,既方便管理,同时也能避免同名文件的问题,这种机制在 Java 中称为包,用关键字 package 定义,一般写在源代码文件的第一行。包可以嵌套,这样可以对复杂的业务逻辑进行分解,化成若干逻辑相对集中的小业务逻辑,便于实现相关的功能。后续章节的代码会用到包的引用,如果一个程序中需要用到另外一个包中的类,可以通过 import 语句导入一个包中的一个或所有的类,如"import java. util. Date;"和"import java. awt. * ;"分别导入 java. util 的 Date 类和 java. awt 的所有类,但没有导入该包的子包,如果用到子包的类,必须显式声明导入子包,如用"import java. awt. event. * ;"导入 java. awt 的子包 java. awt. event 中的所有类。同一包的类不需要使用 import 语句导入。

上面代码中的关键字 public 称为访问修饰符(access modifier),用于控制其他程序对相关代码的访问级别,后续章节再详细介绍。一个源代码文件可以有多个类,但只能有一个 public 类,文件名必须与 public 类的名字相同,并用 .java 作为扩展名。因此,存储这段代码的文件名必须为 HelloWorld.java。

saySth()是自定义方法(method),这个方法不是 Java 库中的方法而是开发者为了实现功能自行定义的方法。其中仅有一条调用 Java 提供的 System. out. println()方法的语句,System. out. println()方法将给出的参数打印到控制台,本例中将"Hello World!"打印到控制台。在开发工具中输入代码时,会有上下文提示,例如在输入 System. out. println()方法时在 System 后面输入"."会弹出 System 的备选项列表,从中选择 out,然后再输入"."会弹出 out 的备选项列表,从中选择 println(),读者可以利用开发工具的这一功能提高代码输入效率。

main()方法是 Java 应用程序的入口,也就是说,程序在运行时,第一个执行的方法就是 main()方法,main()方法的声明规定为 public static void main(String args[]),该方法的输入参数 String args[]是一个字符串数组,用于接收带参数运行时给出的初始数据。

一个 Project 工程可以有多个包,每个包下可以有多个类,每个类中可以有多个方法。

前面 HelloWorld 类及其中的 saySth()方法相当于对汽车的设计图纸,需要按图纸造出汽车后才能使用汽车,相当于用汽车图纸 HelloWorld 制造一辆车 myCls。可以开造好的车 myCls 而不能开车的设计图纸 HelloWorld,按图纸造车这个过程在 Java 中称为对象实例化。实例化后可以通过使用这个对象在类中定义的方法,例如在车上使用图纸上设计的车门。在本例中,将要执行 HelloWorld 中的 saySth()方法,需要在 main()方法中先进行实例化一个 HelloWorld 对象 myCls:

```
HelloWorld myCls = new HelloWorld();
```

然后通过这个 myCls 对象执行 saySth()方法:

```
myCls.saySth();
```

后续章节中,部分程序如果仅在 main()方法直接调用讨论的方法,则没有给出 main()方法部分的调用代码,读者在练习时仿照上面的例子自行补充相关代码。

　　本章和第 2 章的示例代码中涉及的类、成员变量、成员方法的使用,将在第 3 章中系统介绍,读者可以先仿照示例编写代码,在第 3 章中再详细学习。

　　在源代码窗口任意位置右击鼠标,在弹出的快捷菜单中选择 Run As→Java Application 命令运行 HelloWorld,如图 1-23(a)所示;Console 控制台消息窗口显示结果如图 1-23(b)所示。

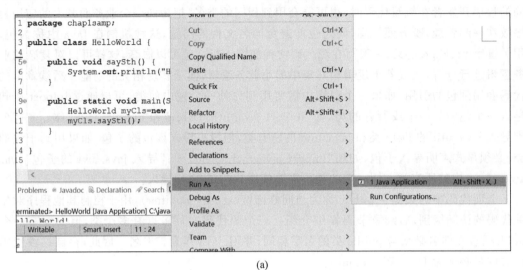

(a)

(b)

图 1-23　运行 Java 程序

(a) 运行 HelloWorld;(b) 控制台消息

1.4　调试程序

　　在 Eclipse 中编写 Java 代码时,在输入代码的同时会自动进行语法检查,出现语法错误会给出提示,检查没有语法错误的代码是否逻辑也正确需要对程序进行调试,调试程序可以分步骤运行程序,考察程序变量值、语句执行过程等。

　　为了便于了解调试过程,在 HelloWorld 类中 main()方法前面增加一个求和方法,如程序 1-2 所示。

程序 1-2 求和 sum()方法

```java
public void sum() {
    int a,b,c;
    a = 3;
    b = 4;
    c = a + b;
    System.out.println("sum = " + c);
}
```

在 main()方法中"myCls.saySth();"的后面增加一条语句"myCls.sum();",修改后的 main()方法代码如程序 1-3 所示。

程序 1-3 调用 sum()方法的 main()方法

```java
public static void main(String[] args) {
    HelloWorld myCls = new HelloWorld();
    myCls.saySth();
    myCls.sum();
}
```

修改代码后保存文件。

调试程序前要先设置断点,即程序开始运行后到哪里停下来,可以设置多个断点。设置断点的方法是双击需要调试的代码行号,再次双击即可取消断点。也可以在行号上右击,在弹出的快捷菜单中通过单击选择 Toggle Breakpoint 命令切换断点。下面在"a = 3;"这一行设置断点,如图 1-24 所示。

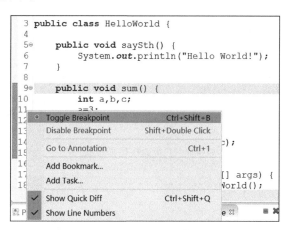

图 1-24 设置断点

启动调试有多种方法。

方法一,右击源代码窗口任意位置,在弹出的快捷菜单中选择 Debug As→Java Application 命令,开始 Java 代码调试。

方法二,直接单击工具栏中的"调试"按钮(图标是小虫)。

方法三,从菜单启动,选择 Run→Debug 命令。

首次调试会弹出需要切换到 Debug 工作区的提示对话框,选中 Remember my decision 复选框,下次不再提示,如图 1-25 所示。

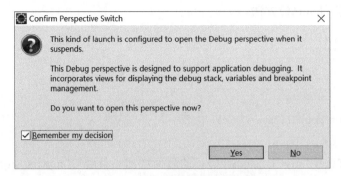

图 1-25　Debug 工作区切换提示对话框

单击 Yes 按钮进入调试视图,如图 1-26 所示,其中常见的窗口有 Debug 窗口、变量
(Variables)窗口、断点(Breakpoints)窗口、代码编辑窗口、输出(Console)窗口和大纲
(Outline)窗口。Debug 窗口显示当前程序线程方法调用状态及当前程序执行代码所在行
号,如本例中断点是 HelloWorld 中第 11 行。Variables 窗口显示当前变量状态,可以修改
变量值。Breakpoints 窗口可用来在调试过程中新增和删除断点。

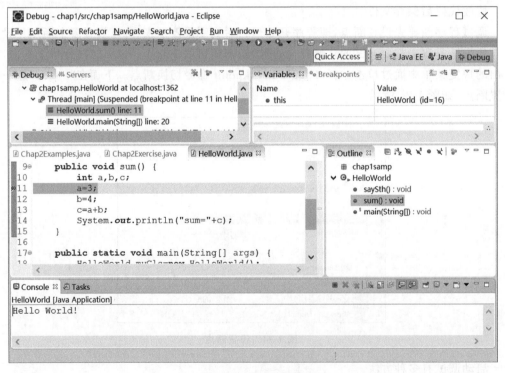

图 1-26　Debug 视图

在调试视图中,通过工具栏上的按钮或者快捷键调试和运行程序。工具栏上的
Resume(播放/暂停键)表示继续执行当前代码,直到下一个断点,快捷键为 F8。Terminate
(红色的停止键)表示停止调试,快捷键为 Ctrl+F2。Step Into 表示进入下一步运行的方法
内部,快捷键为 F5。Step Over 表示运行当前行代码,不进入所调用的方法,快捷键为 F6。
Step Return 表示退出当前方法,返回到上级调用方法,快捷键为 F7。其他调试按钮不再赘述,读者可以自行测试使用。

调试过程中鼠标移到代码编辑窗口,放在变量上时会显示当前变量的值。调试过程中还有很多堆栈信息,可以通过相关的视图窗口查看。

按 F6 键,执行一条语句,光标下移一行,Debug 窗口的当前行号变为 12,Variables 窗口中增加一条变量 a 的值,如图 1-27 所示。

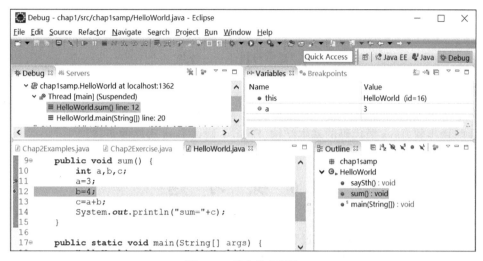

图 1-27 单步执行语句

上一行语句运行的结果可以通过检查相关变量值的变化来考察,例如执行到第 13 行时,将鼠标移动到该行的 a 或者 b 上,会显示对应的值,如图 1-28 所示。

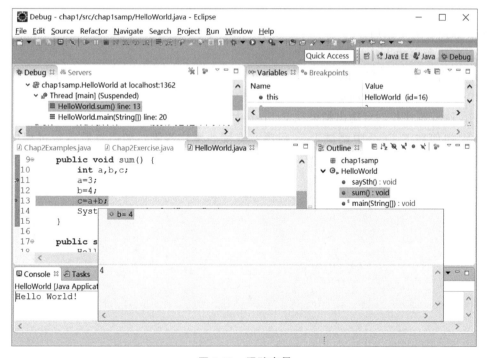

图 1-28 跟踪变量

继续执行直到程序结束,或者单击工具栏中的 Terminate 按钮结束调试。

Debug 调试完成后,需要切回 Java 视图,一种简单的操作是单击右上角的 Java 按钮进行切换。

读者可以试着将 sum()的"System. out. println("sum＝"＋c);"修改为"System. out. println("c＝"＋a＋"＋"＋b);"考察控制台输出的变化,理解 System. out. println()方法字符原样输出的功能。

1.5　小　　结

本章介绍了 Java 开发环境的搭建和 Java 程序的结构,读者需要了解和掌握开发工具的安装配置步骤、Java 源代码的基本结构、Eclipse 调试 Java 程序的步骤。

1.6　练　习　题

1. 简述开发工具的安装配置过程。

2. 在 Eclipse 中如何创建工程? 有哪些步骤? 有哪些参数需要设置?

3. 在 Eclipse 中如何创建类? 有哪些步骤? 有哪些参数需要设置?

4. Java 源代码文件根据什么命名?

5. 什么是包? 关键字是什么?

6. 如何导入其他的包的一个类、多个类? 关键字是什么?

7. 如何在类中添加方法?

8. Java 程序的入口方法是什么?

9. 如何调用 Java 类中的方法?

10. Java 程序如何启动运行? 有几种方式?

11. Java 程序控制台输出结果在 Eclipse 中的哪个标签窗口显示?

12. 如何在 Eclipse 中调试 Java 程序? 有哪些操作步骤? 如何查看运行过程中的变量值?

第 2 章

Java语言语法基础

2.1 标识符与关键字

2.1.1 标识符

和人有名字一样,程序语言中也要对各种元素进行命名标识,这些用于对程序元素进行表示的符号称为标识符(identifier)。标识符是用户定义的字符序列,用于对 Java 程序中的类、方法、变量、接口、包、类型名、数组名、文件名或者其他用户自定义项等的命名。Java 语言中标识符一般遵循以下规则。

(1) 首字符必须是字母、下划线"_"或美元符号"$",第一个字符不能是数字。

(2) 第二个字符之后可以由数字(0~9)、大写字母(A~Z)、小写字母(a~z)、下划线"_"以及美元符号"$"等字符组成,其长度不受限制,不允许出现其他字符,如"+""‡"和空格等。

(3) Java 采用 16b 双字节字符编码标准(Unicode),而不是 8b ASCII 文本。因此,标识符还可以包含汉字、日文和朝鲜文,但平时要尽可能少地使用汉字、日文和朝鲜文。另外,对于中文操作系统,要注意半角和全角字符,初学者容易遇到像全角 A 和半角 A 这种看似相同但实际是两个不同的字符的问题。对于初学者,一般要求所有的标识符只能用半角英文字母[+数字],不能用汉字等全角字符。

(4) 标识符不能使用关键字和保留字。

(5) Java 标识符区分大小写,对大小写敏感,如 hello 和 Hello 是不同的标识符。

(6) 习惯上,表示类、接口名的标识符用大写字母开头,表示变量、方法名的标识符用小写字母开头,表示常量名的标识符全部用大写字母。

(7) 标识符最好容易识别,见名知意。

标识符命名参考以下方法。

- 匈牙利命名法(Hungarian notation):变量名=属性+类型+对象描述,以一个或者多个小写字母开头作为前缀;前缀之后的是首字母大写的一个单词或多个单词组合,该单词要指明变量的用途。
- 骆驼命名法(camel case):混合使用大小写字母来构成变量和函数的名字。
- 帕斯卡命名法(Pascal case):标识符中的每一个逻辑断点单词都用大写字母标记。

- 下划线命名法(under score case)：标识符中的每一个逻辑断点单词都用下划线分隔。

在实际中,往往是上述几种方法混合使用。

有效标识符举例如下：

```
book
bFileOpened
userName
User_name
```

2.1.2　关键字

程序语言在编译代码时,通过一定含义的字词解析代码,这些用于解析代码的字词就是关键字。这些关键字用于解析代码,因此就不能在自定义的标识符中使用这些关键字。Java 定义的关键字有以下几种类型。

(1) 数据类型：int、double、char、boolean、byte、short、long、float。

(2) 包引入和包声明：import、package。

(3) 类和接口的声明：class、extends、implements、interface。

(4) 流程控制：if、else、for、do、while、switch、case、default、break、continue、return。

(5) 异常处理：try、catch、finally、throw、throws。

(6) 修饰符：public、private、protected、static、abstract、final、native、synchronized、transient、volatile。

(7) 其他：void、new、this、super、enum、instanceof、assert、strictfp。

上述关键字可以通过编写代码逐渐熟悉,其中有一小部分平时使用较少。

2.2　分　隔　符

就像文章中需要标点符号对字词句子进行分隔一样,程序语言中也采用相关符号对标识符等程序元素进行分隔。Java 程序中的分隔符有注释、空白符和普通分隔符三种。注意,分隔符要使用半角字符。

2.2.1　注释

程序中的注释是为了提高可读性和可理解性,注释仅用于阅读代码,编译程序时忽略所有的注释。注释分为单行注释、多行注释和文档注释三种。

- 单行注释：以"//"开始,也可以放在语句的后面。
- 多行注释：以"/ *"开始,以" * /"结束,中间可以有多行注释描述,不能嵌套,但可以使用单行注释。
- 文档注释：以"/ * *"开始,以" * /"结束,中间可以有多行注释描述,不能嵌套,但可以使用单行注释。

其中,文档注释可以生成代码的说明文档。

2.2.2 空白符

空白符包括空格、回车符、换行符、制表符等,源代码元素之间可以有一个或多个空白符,空白符可以增强源代码的可读性,便于阅读和理解代码逻辑。

```
{
    int x;
    x = 10 * 23;
}
```

2.2.3 普通分隔符

常见的普通分隔符有以下几种。

(1) 分号";":一条语句结束的标记。

在 Java 编程语言中,一条语句支持换行,例如:

```
totals = a + b + c + d + e + f;
```

与下式相同

```
totals = a + b + c +
    d + e + f;
```

(2) 逗号",":用于分隔函数参数和变量等。

(3) 点号".":表示包含关系,用于分隔包、类或引用变量中的变量和方法,如程序 1-1 中的 myCls. saySth()。

(4) 大括号"{}":用来标记代码块及数组的初始化。

代码块是一种常见的代码组织形式,将多行代码组织在一起构成代码块,用大括号"{}"标记起止边界。代码块可以用于复合语句、方法体、类的定义、数组初始化赋值等。如复合语句:

```
{
    x = y + 1;
    y = x + 1;
}
```

方法体:

```
int myadd( int a, int b){
    int sum = 0;
    sum = a + b;
    return sum;
}
```

类的定义:

```
public class myDate{
    int myyear;
    int mymonth;
    int myday;
}
```

数组初始化:

```
int a[] = {1,2,3,4,5};
```

代码块可嵌套使用,以实现复杂的逻辑。

```
while (i < n) {
    a = a + i;
    if ( a == max ) {     //嵌套
        break;
    }
}
```

(5) 小括号"()":用于方法定义或者引用时将参数括起来(当一个方法有多个参数时用逗号","分隔),或者在表达式中定义运算的先后次序等。

(6) 方括号"[]":用于定义数组,详见后面的数组章节。

2.3　常量与变量

2.3.1　常量

常量是在程序执行过程中其值不变的量。常量一旦被定义,在程序运行过程中其值不能被改变。

常量有两种常见形式,一种是在程序中直接使用数据类型的具体值(直接数),例如下面代码中的"3":

```
int a = 3;
```

另一种是以标识符形式出现的常量,这种使用方法需要先声明后使用。常量的声明需要用关键字 final 标识,final 表示"不可改变"。Java 语言约定常量标识符全部用大写字母表示,如:

```
final float PI = 3.14f;
final char S = 'A';
```

上面两条语句定义了常量 PI 和 S。

参考第 1 章中创建工程的步骤创建一个新的 Java 工程,在参数设置窗口中 Project name 文本框中输入工程名"chap2",本章中的所有源代码都保存在这个工程下。参考第 1 章中创建 class 类的步骤,创建一个简单的 final 的测试类 Chap2Final,在创建类的对话框的

package 文本框中输入 chap2samp，在 name 文本框中输入 Chap2Final，选中 public static void main(String[] args)，单击 Finish 按钮即可完成类的创建。编辑源代码如程序 2-1 所示，编辑完代码要单击工具栏中的"保存"按钮或者按 Ctrl＋S 快捷键保存代码。程序 2-1 中 PI 是常量，其值不能修改，因此"PI ＝ 5;"会报错"The final local variable PI cannot be assigned…"，即不能对 PI 赋值。

程序 2-1　final 关键字

```
package chap2samp;

public class Chap2Final {

    public void testFinal() {
        final float PI = 3.14f;
        float PI2 = 3.14f;
        float kk = PI + 1;          //可以参与运算
        System.out.println("PI = " + kk);//打印结果会是 4.14 吗?参见 2.4.1Java 基本数据类型。
        PI = 5;                     //常量值不可修改,因此报语法错误,注释后运行程序。
        PI2 = 13.14f;               //变量值可修改
    }

    public static void main(String[] args) {
        Chap2Final mytest = new Chap2Final();
        mytest.testFinal();
    }
}
```

2.3.2　变量

前面的示例代码中，如程序 2-1 中的 PI2、kk，程序元素存储的数值在程序运行过程中是不断变化的，这种程序元素称为变量，变量的值随着程序处理逻辑而发生变化。变量在使用前必须先声明，变量名命名规则参考前面标识符命名规则，在程序中声明变量的语法格式为：

```
类型 标识符 [ = 值];
```

如果同时声明多个变量，用逗号","分隔，声明变量的同时，可以对变量进行初始化赋值，如：

```
double d1,d2 = 0.0,d3,d4 = 23;
```

2.4　数 据 类 型

2.4.1　Java 基本数据类型

Java 语言的数据类型分为两大类：基本数据类型和引用数据类型。共有 8 种基本数据类型,包括数值型、字符型(char)和布尔型(boolean,取值 true 或 false)。其中,数值型有(byte、short、int、long)和浮点数型(float、double)。Java 语言的基本数据类型如表 2-1 所示。

表 2-1　Java 语言的基本数据类型

数 据 类 型	关键字	占 用 内 存	取 值 范 围
字节型	byte	1 字节(8 位)	$-128\sim127$
短整型	short	2 字节(16 位)	$-2^{15}\sim2^{15}-1$
整型	int	4 字节(32 位)	$-2^{31}\sim2^{31}-1$
长整型	long	8 字节(64 位)	$-2^{63}\sim2^{63}-1$
单精度浮点型	float	4 字节(32 位)	$-1.4e-45\sim3.4e38$
双精度浮点型	double	8 字节(64 位)	$4.9e-324\sim1.8e308$
字符型	char	2 字节(16 位)	$0\sim2^{16}-1$('\u0000'~'\uFFFF')
布尔型	boolean	1 字节(8 位)	true 或者 false

注意,float 和 double 因存储格式遵守相关规范,取值范围的计算与 int 等其他类型不同。

声明基本数据类型变量的语法格式为:

数据类型关键字 变量名;

如定义一个整型变量 a:

int a;

引用数据类型包括数组(array)、类(class)和接口(interface)等,如:

String stdName = new String( );

2.4.2　数据类型相互转换

当不同类型的数据一起进行运算时,需要进行数据类型转换。Java 中数据类型级别有低级和高级之分,低级类型是指取值范围相对较小的数据类型,高级类型是指取值范围相对较大的数据类型,参见表 2-1 中不同数据类型占用内存和取值范围。例如,long 相对于float 是低级数据类型,但是相对于 int 是高级数据类型。由于基本数据类型中 boolean 类型不是数值型,因此基本数据类型的转换是除了 boolean 类型以外的其他 7 种类型之间的转换。

Java 中数据类型级别从低到高的排序为:byte→short(char)→int →long→float→double。

Java 语言中的数据类型转换有如下两种。

1. 自动类型转换

当需要从低级类型向高级类型转换时,Java 会自动完成从低级类型向高级类型转换,不需要在程序中额外编写代码。如 int 型与 double 型数据运算时,int 型数据自动转换为double 型数据。自动类型转换时,只要转换后的数据类型级别高就可以,不要求级别连续。

一个数据类型自动转换的示例如程序 2-2 所示。

程序 2-2　自动类型转换

```
package chap2samp;

public class Chap2Datatype {
    void testDatatypeAutoConv() {
        //double 型的变量接收一个 int 型的字面量,输出 double 型数值
        double Data = 100;              //int 型字面量自动转换为 double 型
        System.out.println(Data);
        //赋值、运算时自动型转换,如 int 型转换为 double 型
        int Data1 = 101;
        double Data2 = Data1;           //int 型变量自动转换为 double 型
        System.out.println(Data2);
        double Data3 = Data + Data1;    //int 型与 double 型混合运算时自动转换为 double 型
        System.out.println(Data3);
        int a = 3;
        System.out.println("3/2 = " + a / 2);     //int 型与 int 型运算,结果仍为 int 型
        System.out.println("3/2.0 = " + a / 2.0); //int 型与浮点型混合运算时自动转换为浮点型
    }

    public static void main(String[] args) {
        Chap2Datatype mytest = new Chap2Datatype();
        mytest.testDatatypeAutoConv();
    }
}
```

运行程序,控制台输出结果如下:

```
100.0
101.0
201.0
3/2 = 1
3/2.0 = 1.5
```

从结果可以看出,直接数 100 赋值给 double 型变量 Data,自动转换为 double 型;int 型变量 Data1 赋值给 double 型变量 Data2,自动转换为 double 型;int 型变量 Data1 与 double 型变量 Data 混合运算时自动转换为 double 型。注意最后两个输出结果,其中 int 型数据计算会舍去小数点部分。

2. 强制类型转换

在计算给定人数需要多少车辆数时,人数除以车辆额定载客量的计算结果是浮点数,但车辆数是整数,这时候期望浮点运算得到整数结果,将浮点数转换为整数。当需要从高级数据类型向低级数据类型转换时,必须在程序中编写相关代码,即在变量前明确指出要转换的目标类型。强制转换时因数据的存储空间发生变化,通常都会造成精度降低或溢出,在使用时需要谨慎。

语法格式为:

(转换目标类型)需要转换的变量

```
double d = 3.14; int e = (int )d;
```

Java 中小数默认声明是 double 型,如果声明 float PI = 3.14 会报错,需要写成 PI = 3.14f(如程序 2-1 中的 PI)或者 PI = (float)3.14。如果写成"float PI2 = 3.14;"会报错 cannot convert from double to float(无法将 double 型转换为 float 型)。

在前面的 class Chap2Datatype 代码中的 public static void main(String[] args)前面添加一段数据强制类型转换的代码,如程序 2-3 所示。

程序 2-3　强制类型转换

```
public void testDatatypeForceConv() {
    double d = 3.1417890000234456;
    int e = (int) d;
    float f = (float) d;
    long l = (long) d;
    byte b = (byte) d;
    System.out.println("d = " + d);        //打印结果会是什么?double 型小数部分有 16 位
    System.out.println("e = " + e);
    System.out.println("f = " + f);
    System.out.println("l = " + l);
    System.out.println("b = " + b);
}
```

在 main()方法 mytest.testDatatypeAutoConv()下面增加一行:

```
mytest.testDatatypeForceConv();
```

为了仅显示强制类型转换运行结果,注释掉 mytest.testDatatypeAutoConv(),运行结果如下:

```
d = 3.1417890000234454
e = 3
f = 3.141789
l = 3
b = 3
```

注意,byte、char、short 之间都不会自动转换,相互之间只能进行强制类型转换。如果表达式中只含有 byte、short、char 型的数据,Java 首先将所有变量的类型自动转换为 int 型,然后再进行计算,并且计算结果的数据类型也为 int 型。在前面的 class Chap2Datatype 代码中的 public static void main(String[] args)前面添加一段 byte、short、char 及 int 之间类型转换的代码,如程序 2-4 所示。

程序 2-4　byte、short、char 及 int 之间类型转换

```
1.    public void testDatatypeBSCIConv (){
2.        byte a = 1234;                    //超出取值范围,报错,注释后运行程序,下同
3.        byte ab = 123;
4.        short shorta = 23;
5.        char chara = 'a';
6.        System.out.println(ab + shorta);
7.        System.out.println(chara);
```

```
8.        System.out.println(ab + shorta + chara);
9.        ab = shorta;                    //short 型不能自动转换为 byte 型,程序报错
10.       ab = chara;                     //char 型不能自动转换为 byte 型,程序报错
11.       chara = shorta;                 //short 型不能自动转换为 char 型,程序报错
12.       ab = (byte)shorta;              //short 型不能自动转换为 byte 型,需要强制类型转换
13.       ab = (byte)chara;               //char 型不能自动转换为 byte 型,需要强制类型转换
14.       chara = (char)shorta;           //short 型不能自动转换为 char 型,需要强制类型转换
15.       short s1,s2;
16.       s1 = 1;
17.       s2 = s1 + 1;                    //有报错
18.       s2 = 1;
19.       s2 += 1;                        //为什么没有报错
20.       System.out.println(s2);
21.   }
```

第 2 行对 byte 型变量赋值时超出了该数据类型的取值范围−128～127,会提示报错,需要进行强制类型转换,注意 int 型强制转换为 byte 型时只保留低位一个字节。

第 8 行对 byte、short 和 char 型变量进行求和,都先将变量转换为 int 型再进行计算,其中'a'转换时取 ASCII 码 97 参与计算,结果为 int 型数值 243。

第 9～11 行数据类型无法自动转换会报错,需要改为第 12～14 行的写法。

第 17 行,由于 s1+1 运算时会自动提升表达式的类型,因此结果是 int 型,再赋值给 short 型 s2 时,编译器将报告需要强制转换类型的错误。

第 19 行,编译时自动隐式直接将＋＝运算符后面的操作数强制转换为前面变量的类型,因此可以正确编译不报错。

在 main()方法 mytest. testDatatypeForceConv ()下面增加一行：

mytest. testDatatypeBSCIConv();

为了仅显示上面代码的运行结果,注释掉 mytest. testDatatypeForceConv (),运行结果如下：

```
146
a
243
2
```

2.5　运算符和表达式

2.5.1　运算符

运算符是用于对操作数(操作数可以是变量、表达式或常量)进行计算和处理的符号,如赋值运算符、算术运算符、关系运算符、逻辑运算符、位运算符等,分别如表 2-2～表 2-6 所示。

当不同数据类型的数据参加运算时,会涉及不同的数据类型的转换问题,参照前面介绍

过的数据类型转换规则进行互相转换。在混合数据类型运算时,Java 将按运算符两边变量的最高精度保留计算结果,例如前面程序运行结果中的 3/2＝1 和 3/2.0＝1.5。

表 2-2　赋值运算符

运 算 符	功 能	例 子
＝	赋值	a＝b
＋＝	加赋值	a＋＝b、a＋＝b＋3
－＝	减赋值	a－＝b
＊＝	乘赋值	a＊＝b
/＝	除赋值	a/＝b
％＝	取余赋值	a％＝b

表 2-3　算术运算符

运算符	名称	例子	说　明
＋	加	a＋b	求 a 加 b 的和,还可用于 String 型,进行字符串拼接处理
－	减	a－b	求 a 减 b 的差
＊	乘	a＊b	求 a 乘以 b 的积
/	除	a/b	求 a 除以 b 的商
～	取反	b＝～a	取反运算
＋＋	自加 1	a＋＋或＋＋a	先取值再加1,或先加1再取值
－－	自减 1	a－－或－－a	先取值再减1,或先减1再取值
％	取余	a％b	求 a 除以 b 的余数

＋＋i 表示在 i 参与相关运算之前使 i 加 1,i＋＋表示 i 先参与相关运算,之后使 i 加 1,－－与此相同。

表 2-4　关系运算符

运 算 符	功 能	例 子
＞	大于	a＞b
＞＝	大于或等于	a＞＝b
＜	小于	a＜b
＜＝	小于或等于	a＜＝b
＝＝	相等	a＝＝b
!＝	不等	a!＝b

表 2-5　逻辑运算符

运 算 符	运 算	例 子	结 果
＆	AND(与)	false＆true	false
＆＆	AND(短路与)	false＆＆true	false
∣	OR(或)	false∣true	true
∣∣	OR(短路或)	false∣∣true	true
＾	XOR(异或)	false＾true	true
!	NOT(非)	! true	false

表 2-6 位运算符

运算符	运算	功 能	例 子
&	按位与	从低位开始比较,两边都是 1 时,结果为 1,否则为 0	10(00001010)&23(00010111)=2(00000010)
|	按位或	从低位开始比较,两边有一位或者都是 1 时,结果为 1,否则为 0	10|23=31(00011111)
^	按位异或	从低位开始比较,两边位不同时,结果为 1,否则为 0	10^23=29(00011101)
~	按位取反	从低位开始比较,1 变 0,0 变 1	~10=-11(11110101)
>>	带符号右移	丢弃低位右侧 n 位,高位以符号位补齐	10>>2=2(0000010)
>>>	无符号右移	丢弃低位右侧 n 位,高位用 0 补齐	254(11111110)>>>2=63(00111111)
<<	左移	在低位补 0,高位的溢出位丢弃	10<<2=40(00101000)

所谓短路,就是当参与运算的一个操作数已经足以推断出这个表达式的值时,另外一个操作数(有可能是表达式)就不会执行。

程序 2-5 短路逻辑运算符示例

```java
package chap2samp;

public class OpExp {
    //短路逻辑运算符示例
    public void testLogicOpShortCircuitOr() {
        int x, y = 2007;
        if (((x = 0) == 0) || (y = 2011) == 2011) {
            System.out.println("现在 y 的值是: " + y);
        }
        int a, b = 2007;
        if (((a = 0) == 0) | (b = 2011) == 2011) {
            System.out.println("现在 b 的值是: " + b);
        }
    }
    public static void main(String[] args) {
        OpExp mytest = new OpExp();
        mytest.testLogicOpShortCircuitOr();
    }
}
```

程序运行结果如下:

```
现在 y 的值是: 2007
现在 b 的值是: 2011
```

在短路或||的 if 条件判断语句中,((x=0)==0)为 true,无须后面再判断,因此,y=2011 没有执行,y 值没有改变,仍为 2007。而下一个 if 判断中非短路或,则所有的表达式都要执行,b 值发生改变,为 2011。

数据在计算机中都是以二进制表示的,一个二进制位被称为 b,8b 组成一个字节,不同的数据类型由若干字节组成。

在 Java 中,所有整数类型都由宽度可变的二进制数字表示,每个位置表示 2 的幂,从最右边的 2^0 开始,向左的下一个位置为 2^1,即 2;接下来是 2^2,即 4;然后是 8、16、32 等。例如,10 的二进制形式是 00001010。

所有整数类型(char 型除外)都是有符号整数,既可以表示正数,也可以表示负数,最高位为符号位,1 表示负数,0 表示正数。Java 使用"2 的补码"进行编码,负数的表示方法为:首先反转数值中的所有位(1 变为 0,0 变为 1),然后再将结果加 1。例如,—11 的表示方法为:通过反转 11 中的所有位(00001011),得到 11110100,然后加 1,结果为 11110101,即 —11。为了解码负数,首先反转所有位,然后加 1。例如,反转 —11(11110101),得到 00001010,即 10,再加上 1 就得到了 11。

位运算符用于对二进制位(b)进行运算,通过位运算可以有较高的效率构造和变更数据,例如,num≫1,num 向右移动一位,相当于 num 除以 2;num≪1,num 向左移动一位,相当于 num 乘以 2;抽取 00001010 的低 4 位,用 00001010&00001111 就可以得到低 4 位;将 1010 接在 1101101 的后 4 位,用 11011010000|00000001010 就可以得到 11011011010。

在前面代码中的 public static void main(String[] args)前面添加一段如表 2-6 所示的位运算符示例代码,如程序 2-6 所示,其中 Integer. toBinaryString(int num)函数的功能是将 int 型数据 num 转换为二进制字符串。

程序 2-6　位运算符示例

```java
public void testBitOp() {
    byte x = 10, y = 23;
    System.out.println("10 & 23 = " + (x & y));//10 的二进制为 00001010,23 的二进制为 00010111,
                                               //按位与后得 00000010,为十进制数字 2
    System.out.println("10 | 23 = " + (x | y));//10 的二进制为 00001010,23 的二进制为 00010111,
                                               //按位或后得 00011111,为十进制数字 31
    System.out.println("10 ^ 23 = " + (x ^ y));//10 的二进制为 00001010,23 的二进制为 00010111,
                                               //按位异或后得 00011101,为十进制数字 29
    System.out.println("~10 = " + (~x));//10 的二进制为 00001010,按位取反后得 11110101,
                                        //为十进制数字 - 11(2 的补码存储方式)
    System.out.println("10 >> 2 = " + (x >> 2));//10 的二进制为 00001010,右移 2 位后得 00000010,
                                                //为十进制数字 2
    System.out.println("10 << 2 = " + (x << 2));//10 的二进制为 00001010,左移 2 位后得 00101000,
                                                //为十进制数字 40
    int sx = 254;
    int s = sx >>> 2;
    System.out.println(sx + "(" + Integer.toBinaryString(sx) + ")>>> 2 = " + (s) + "(" + Integer.
toBinaryString(s) + ")" );               // 254:11111110,>>> 2 后得 00111111,为十进制数字 63
}
```

注:程序 2-6 中注释在源代码中为一行,书中因版面宽度限制导致换行。下同。

在 main()方法中 mytest. testLogicOpShortCircuitOr()下面增加一行:

```java
mytest. testBitOp();
```

为了仅显示上面代码的运行结果,注释掉 mytest. testLogicOpShortCircuitOr(),运行结果如下：

```
10 & 23 = 2
10 | 23 = 31
10 ^ 23 = 29
~10 = -11
10 >> 2 = 2
10 << 2 = 40
254(11111110)>>> 2 = 63(111111)
```

2.5.2 表达式

表达式由操作数和运算符组合而成，实现算术、逻辑等运算功能。表达式分为三类：算术表达式、布尔表达式和字符串表达式。例如：

```
(8 + 2) * 3;                      //表达式数据类型为 int
2 < 5;                           //表达式数据类型为 boolean
"abc" + "def";                    //表达式数据类型为 String
```

当表达式中有混合运算时，运算过程服从运算符优先级和结合性。Java 语言中运算符的优先级共分为 14 级，其中 1 级最高，14 级最低，在同一个表达式中运算符优先级高的先执行。表 2-7 列出了所有的运算符的优先级以及结合性，其中目数是指运算符操作数的个数，如点号"."为双目，"? :"是条件取值，问号前是判断语句，a>b?x:y 表示当 a>b 时取值为 x，否则取值为 y，x、y 也可以是表达式。

表 2-7 运算符的优先级以及结合性

优先级	运算符	描述	结合性	目数
1	[] () . , ;	分隔符	从左向右	
2	+ - ++ -- ! ~	正负号、自增/减、逻辑非、按位取反	从右向左	单目
3	* / %	算术乘除	从左向右	双目
4	+ -	算术加减	从左向右	双目
5	<< >> >>>	移位	从左向右	双目
6	< <= > >=	大小关系	从左向右	双目
7	== !=	相等关系	从左向右	双目
8	&	按位与	从左向右	双目
9	^	按位异或	从左向右	双目
10	|	按位或	从左向右	双目
11	&&	逻辑与	从左向右	双目
12	||	逻辑或	从左向右	双目
13	?:	条件	从右向左	三目
14	= += -= *= /= &= |= ^= ~= <<= >>= >>>=	赋值	从右向左	双目

2.6　数　　组

数组是数据顺序排列的一种存储结构,当处理相同类型的一组数据时,可以采用数组进行存储。数组的每一个元素都有一个索引,或者称为下标,从 0 开始连续编号,通过数组下标对其中的某个元素进行访问,数组的 length 属性表示数组的长度。一个数组建立后,就不能轻易地改变它的大小。当试图对数组边界外的任何一个元素进行访问时,程序运行都会报错,异常中止。

2.6.1　一维数组

一维数组的定义有两种方式。
方式 1:数据类型 数组名[];
方式 2:数据类型[] 数组名;
如:

```
int x[];
int [] x;
```

方式 1 可以混合定义同一数据类型的数组和非数组变量,以[]来区别是否为数组;方式 2 定义的变量都是数组。

数组在定义时,可以在声明的同时使用关键字 new 分配内存空间(new 数据类型[元素个数]),也可以先声明,然后再创建。
如:

```
int x[] = new int[100];
```

或

```
int x[];
x = new int[100];
```

但"int score[10];"是错误的。
数组初始化分成静态初始化和动态初始化。
(1) 静态初始化:在定义数组的同时就为数组元素分配空间并赋值。这种方式不使用 new 为数组分配空间,编译程序时会自动根据元素值的个数计算整个数组的长度。
语法格式:

```
数据类型[] 数组 = {元素值 1,元素值 2,…};
数据类型 数组名[] = {元素值 1,元素值 2,…};
```

如:

```
int[] score = {70,80,90,98};
int score[] = {70,80,90,98};
```

（2）动态初始化：数组定义与为数组分配空间和赋值的操作分开进行，分别为数组中每个元素赋值。

语法格式：

数组名[索引] = 元素值;

如：

```
int a[] = new int [3];
a[0] = 1;a[1] = 5;a[2] = 9;
```

上述数组定义和初始化参见程序 2-7。

程序 2-7　一维数组定义及应用示例

```
1.    package chap2samp;
2.
3.    public class Chap2Dim {
4.        public void testDim() {
5.            System.out.println("一维数组定义方式1: 数据类型 数组名[]");
6.            int a[],b;       //方式1可以混合定义同一数据类型的数组和非数组变量,以[]来
                              //区别是否为数组;
7.            int n = 5;
8.            a = new int[n];
9.            for (int i = 0; i < n; i++) {
10.               a[i] = i;
11.           }
12.           System.out.print("a: \t");
13.           for (int i = 0; i < n; i++) {
14.               System.out.print(a[i] + "\t");
15.           }
16.           System.out.print("\n");
17.           b = 1;                        //方式1定义的非数组变量
18.           System.out.println("b = " + b);
19.
20.           System.out.println("一维数组定义方式2: 数据类型[] 数组名");
21.           int[] c, d;                   //方式2定义的变量都是数组
22.           c = new int[n];
23.           for (int i = 0; i < n; i++) {
24.               c[i] = i;
25.           }
26.           System.out.print("c: \t");
27.           for (int i = 0; i < n; i++) {
28.               System.out.print(c[i] + "\t");
29.           }
30.           System.out.print("\n");
31.           d = new int[n];
32.           d[0] = 1;
33.           System.out.println("d[0] = " + d[0]);
34.
35.           System.out.println("一维数组静态初始化: ");
36.           int[] scoreChinese = { 70, 80, 90, 98 }, x;   //scoreChinese 数组在声明时进行
```

```
37.          int scoreMath[] = { 78, 85, 93, 95 }, y;
38.          x = new int[n];
39.          for (int i = 0; i < n; i++) {
40.              x[i] = i;
41.          }
42.          System.out.print("x: \t");
43.          for (int i = 0; i < n; i++) {
44.              System.out.print(x[i] + "\t");
45.          }
46.          System.out.print("\n");
47.          y = 508;
48.          System.out.println("y = " + y);
49.          System.out.print("scoreChinese: \t");
50.          for (int i = 0; i < scoreChinese.length; i++) {
51.              System.out.print(scoreChinese[i] + "\t");
52.          }
53.          System.out.print("\n");
54.          System.out.print("scoreMath: \t");
55.          for (int i = 0; i < scoreMath.length; i++) {
56.              System.out.print(scoreMath[i] + "\t");
57.          }
58.          System.out.print("\n");
59.      }
60.
61.      public static void main(String[] args) {
62.          Chap2Dim mytest = new Chap2Dim();
63.          mytest.testDim();
64.      }
65.
66.  }
```

第 37 行右侧注释：
//初始化,x 是数组
//scoreMath 数组在声明时进行
//初始化,y 不是数组

程序运行结果如下：

```
一维数组定义方式 1: 数据类型 数组名[]
a:  0  1  2  3  4
b = 1
一维数组定义方式 2: 数据类型[] 数组名
c:  0  1  2  3  4
d[0] = 1
一维数组静态初始化:
x:  0  1  2  3  4
y = 508
scoreChinese:  70  80  90  98
scoreMath:  78  85  93  95
```

第 6 行采用"数据类型 数组名[]"这种方式定义了一个 int 型数组 a 和一个 int 型变量 b,这种定义方式中,b 不是数组。

第 8 行为数组 a 分配空间,第 9～11 行是数组 a 的初始化,对数组各个元素赋初值,第 13～16 行打印输出数组。

第 17 行是对变量 b 赋值,第 18 行打印输出 b 的值。

第 21 行采用"数据类型[] 数组名"这种方式定义了两个 int 型数组 c 和 d,第 22 行对数组 c 分配空间,第 23～25 行是数组 c 的初始化,对数组各个元素赋初值,第 26～30 行打印输出数组 c。

第 31 行为数组 d 分配空间,第 32 行对数组 d 的第一个元素 d[0] 赋初值 1,第 33 行打印输出 d[0]。

第 36、37 行两种方式下在声明数组的同时进行初始化,其余代码与前面类似,不再赘述。

2.6.2 多维数组

对于由行列组成的数据,可以采用多维数组进行存储,多维数组也可以理解为数组的数组,相当于一维数组中的元素仍是数组。访问多维数组和一维数组访问方式相同,都可以通过索引来访问。多维数组的声明与一维数组类似,有两种方式,下面以二维数组为例。

方式 1:数据类型 数组名[][];

方式 2:数据类型[][] 数组名;

多维数组的分配空间格式:

数组名 = new 数组元素类型[数组元素个数][数组元素个数];

多维数组的初始化与一维数组类似,分为静态初始化和动态初始化。

(1) 静态初始化:在定义数组的同时就为数组元素分配空间并赋值。

数据类型 数组名称[] = {数组 1,数组 2};

其中,数组 1 和数组 2 都表示一个一维数组。如:

```
int a[][] = {{1,2},{3,4,5},{}};
```

这里 a 是不规则数组。

(2) 动态初始化:数组定义与分配空间和赋值的操作分开进行,分别为数组中每个元素赋值。分为两种方式。

方式 1:一次确定各维容量。

语法格式:

数据类型[][] 数组名 new 数据类型[元素个数][元素个数];

如:

```
int [][]a = new int[3][3];
```

该代码定义了一个 3 * 3 的 int 型二维数组变量,这个数组的元素又是一个数组类型,它们各指向对应长度为 3 的 int 型一维数组。

方式 2:从高向低依次进行空间分配。先对高维数组进行空间分配,再对其内部的每个元素用 new 进行下一维空间分配。例如二维数组,先分配二维数组的空间,再分配一维数组的空间。若最终元素是引用类型,还需对每一个最终元素进行对象的空间分配。

语法格式：

数据类型[ ][ ] 数组名 = new 数据类型[元素个数][ ];

上述多维数组定义和初始化参见程序 2-8。

程序 2-8　多维数组定义及应用示例

```
1.    package chap2samp;
2.
3.    public class Chap2MultiDim {
4.
5.        public void testMultidim() {
6.            //静态初始化
7.            System.out.println("多维数组静态初始化：");
8.            int a[][] = { { 1, 2 }, { 3, 4, 5 }, {} };
9.            for (int i = 0; i < a.length; i++) {
10.                for (int j = 0; j < a[i].length; j++) {
11.                    System.out.print(a[i][j] + "\t");
12.                }
13.                System.out.print("\n");
14.            }
15.            //动态初始化,方式 1
16.            System.out.println("多维数组动态初始化,方式 1：一次确定各维容量");
17.            int c[][] = new int[3][2];
18.            System.out.println(c);
19.            System.out.println(c[0]);
20.            System.out.println(c[1][1]);
21.            c[1][1] = 508;
22.            for (int i = 0; i < c.length; i++) {
23.                for (int j = 0; j < c[i].length; j++) {
24.                    System.out.print(c[i][j] + "\t");
25.                }
26.                System.out.println("");
27.            }
28.            //int ct[][];
29.            //System.out.println(ct);
30.            //System.out.println(ct[0]);
31.            //System.out.println(ct[0][0]);
32.
33.            //动态初始化,方式 2
34.            System.out.println("多维数组动态初始化,方式 2：从高维向低维依次进行空间分配");
35.            int d[][] = new int[3][];
36.            System.out.println(d);
37.            System.out.println(d[0]);
38.            System.out.println(d[1]);
39.            System.out.println(d[2]);
40.            for (int i = 0; i < d.length; i++) {
41.                d[i] = new int[3];
42.            }
43.            System.out.println(d[0]);
44.            System.out.println(d[1]);
```

```
45.          System.out.println(d[2]);
46.
47.          //由数组创建数组
48.          System.out.println("由数组创建数组");
49.          String stu1[] = { "0001", "王欢欢" };
50.          String stu2[] = { "0002", "李晶晶" };
51.          String stu3[] = { "0003", "田荣荣" };
52.          String stus[][] = { stu1, stu2, stu3 };   //由三个一维数组创建一个二维数组
53.          for (int i = 0; i < stus.length; i++) {
54.              for (int j = 0; j < stus[i].length; j++) {
55.                  System.out.print(stus[i][j] + "\t");
56.              }
57.              System.out.println("");
58.          }
59.      }
60.
61.      public static void main(String[] args) {
62.          Chap2MultiDim mytest = new Chap2MultiDim();
63.          mytest.testMultidim();
64.      }
65. }
```

程序运行结果如下：

```
1.    多维数组静态初始化：
2.    1   2
3.    3   4   5
4.
5.    多维数组动态初始化,方式 1：一次确定各维容量
6.    [[I@15db9742
7.    [I@6d06d69c
8.    0
9.    0   0
10.   0   508
11.   0   0
12.   多维数组动态初始化,方式 2：从高维向低维依次进行空间分配
13.   [[I@7852e922
14.   null
15.   null
16.   null
17.   [I@4e25154f
18.   [I@70dea4e
19.   [I@5c647e05
20.   由数组创建数组
21.   0001      王欢欢
22.   0002      李晶晶
23.   0003      田荣荣
```

第 8 行定义数组 a 的同时就为数组元素分配空间并赋值,第 9～14 行打印输出数组 a,对应运行结果中的第 2、4 行。

第 17 行声明数组 c 并分配空间,对于这种方式,数组的元素没有赋值,元素的值与操作

系统的运行机制有关,一般默认值是 0。

　　第 18 行打印输出 c,没有指明具体的元素,运行结果是打印数组 c 的地址指针,对应运行结果中的第 6 行。

　　第 19 行打印输出 c[0],c[0]是一个一维数组,运行结果是打印数组 c[0]的地址指针,对应运行结果中的第 7 行。

　　第 20 行打印输出 c[1][1],这是一个元素,结果是打印数组 c[1][1]的值,因为没有初始化赋值,c[1][1]的值是 0,对应运行结果中的第 8 行。

　　第 21 行对 c[1][1]赋值 1。

　　第 22～27 行打印输出数组 c,对应运行结果中的第 9～11 行。从结果中可以看到,只有 c[1][1]的值为 508,其余元素的值为 0。

　　第 28～31 行注释掉的代码是为了和上面的代码做对比,如果数组没有进行空间分配,第 29～31 行会报没有初始化的语法错误 The local variable ct may not have been initialized。

　　第 35 行声明数组 d 的同时分配了第一维空间,第 36～39 行打印输出中,只有 d 的地址指针打印出来,没有分配空间的 d[0]、d[1]和 d[2]的地址为空(null),对应运行结果中的第 14～16 行。经过第 40～42 行对下一维的空间分配操作后,第 43～45 行再次输出,结果不为 null,对应运行结果中的第 17～19 行。

　　第 49～51 行创建了三个一维字符串数组 stu1、stu2 和 stu3,第 52 行由这三个一维字符串数组创建一个二维字符串数组 stus,第 53～58 行打印输出 stus,对应运行结果中的第 21～23 行。

2.7　字　符　串

　　字符串是 0 个或多个字符组成的序列,字符串中包含的字符个数为字符串长度,长度为 0 的字符串称为空串。

　　Java 基本类型中没有提供字符串类型,标准 Java 库中包含了一个预定义类 String,每个用双引号封闭的字符串都是 String 的一个实例。例如,"abc""hello"。

　　字符串中字符的索引与数组类似,第一个字符的位置是 0,后续字符索引顺延。可以使用 length()方法得到字串的长度。

2.7.1　字符串声明与创建

　　字符串的声明与基本数据类型相似,字符串的创建分为直接创建和使用关键字 new 创建。

1. 直接使用字符串创建字符串变量

```
String str3 = "字符串常量";
```

或者

```
String str3;
str3 = "字符串变量";
```

2. 使用关键字 new 创建字符串变量

```
char a[] = {'a','b','c','d'};
String sChar = new String (a);
String room = new String ("508");
```

注意,char 类型的对象是用半角单引号括起来的单个字符,字符串是双引号括起来的多个字符序列,多个字符要使用数组或者字符串,不再是一个 char 类型数据。例如:

```
char a = '3';   正确
char b = '34';  错误
char c = '中';   正确
```

一些特殊字符是无法直接打印出来的,如换行、制表位等,可以通过转义序列(escape sequence)来表达,如表 2-8 所示。

表 2-8　常见特殊字符

转义序列符	描　述	含　义
\"	插入双引号	插入一个"
\'	插入单引号	插入一个'
\r	回车符	光标移动到下一行的开始处
\n	换行符	移到下一行
\t	水平制表符	移动到下一水平制表位,相当于 Tab
\\	反斜线	插入一个反斜线字符

2.7.2　字符串常用方法

从前面的示例代码可以看到,Java 允许使用＋号把两个字符串连接起来,连接一个字符串和一个非字符串值时,后者被转换为字符串,这个特性常用于输出语句中。字符串常用的其他函数如下。

(1) 字符串比较:equals()、compareTo()、compareToIgnoreCase()、startsWith()、endsWith()。

(2) 字符串查找:indexOf()、lastIndexOf()。

(3) 提取子串:subString()。

(4) 字符串替代:replace()、replaceAll()。

(5) 字符串反转:reverse()。

(6) 字符串转变大小写:toUpperCase()、toLowerCase()。

(7) 去掉首位空格:trim()。

(8) 是否包含某字符/字符串:contains()。

(9) 字符串分割:String[]split(String regex),根据正则表达式匹配拆分字符串。

(10) 提取字符:charAt()。

注意,判断两个字符串内容是否相同时一定要使用 equals()方法,而不能使用 == 来判断两个字符串是否完全相等。如果想检测两个字符串是否相等,同时忽略大小写字母的区别可以使用 equalsIgnoreCase()方法。

部分字符串常用方法如程序 2-9 所示。

程序 2-9 部分字符串常用方法

```java
package chap2samp;

public class Chap2Str {
    //部分字符串操作示例
    public void testString() {
        String str1 = "Hello World";
        String str2 = "Hello World";
        String str3 = "hello world";
        String str4 = "hello world";
        //字符串相等判断 equals(),若相等则返回 true,否则返回 false
        System.out.println("\"" + str1 + "\" equals \"" + str2 + "\": " + str1.equals(str2));
        //字符串查找 indexOf(),返回字符第一次出现的位置,没找到则返回 -1
        System.out.println("\"" + str1 + "\" indexOf o: " + str1.indexOf("o"));
        //查找字符串最后一次出现的位置 lastIndexOf(),没找到则返回 -1
        System.out.println("\"" + str1 + "\" lastIndexOf 'o': " + str1.lastIndexOf("o"));
        //截取子串,subString(int beginIndex, int endIndex)返回指定起始位置 beginIndex
        //(含)到结束位置 endIndex(不含)之间的字符串
        System.out.println("\"" + str1 + "\" substring(1,5): \"" + str1.substring(1, 5) + "\"");
        //返回指定位置字符
        System.out.println("\"" + str1 + "\" charAt(6): '" + str1.charAt(6) + "'");
        //字符串替换,替换所有
        System.out.println("\"" + str1 + "\" replace o by h: \"" + str1.replace("o", "h") + "\"");

        //字符串比较 compareTo(),若相等则返回 0,若小于则返回负数,若大于则返回正数,返回
        //的数值实际上是 ASCII 差值
        System.out.println("\"" + str1 + "\" compareTo \"" + str2 + "\": " + str1.compareTo(str2));
        System.out.println("\"" + str1 + "\" compareTo \"" + str3 + "\": " + str1.compareTo(str3));
        //大写字母 ASCII 码小于小写字母
        //字符串忽略大小写比较 compareToIgnoreCase(),若相等则返回 0,若小于则返回负数,若
        //大于则返回正数
        System.out.println("\"" + str1 + "\" compareToIgnoreCase \"" + str3 + "\": " + str1.compareToIgnoreCase(str3));
    }

    public static void main(String[] args) {
        Chap2Str mytest = new Chap2Str();
        mytest.testString();
    }
}
```

程序运行结果如下：

```
"Hello World" equals "Hello World": true
"Hello World" indexOf o: 4
"Hello World" lastIndexOf 'o': 7
"Hello World" substring(1,5): "ello"
"Hello World" charAt(6): 'W'
"Hello World" replace o by h: "Hellh Whrld"
"Hello World" compareTo "Hello World": 0
"Hello World" compareTo "hello world": - 32
"Hello World" compareToIgnoreCase "hello world": 0
```

Java 类库中还有一个处理字符串的类 StringBuffer，与 String 的主要区别是 StringBuffer 的长度允许在创建后改变。

2.8　流程控制语句

顺序结构、选择（分支）结构和循环结构是程序设计中的常见三种基本结构。Java 提供的控制流程和许多其他的程序语言基本上是相同的，可以分为条件分支（也称选择语句，包括 if 选择语句、switch case 语句）、循环语句（包括 for、while 和 do-while）和跳转语句（包括 break 语句、continue 语句和 return 语句）。

建议在 if、for、while 和 do-while 等流程控制语句应用中，即使只有一条语句也要使用大括号"{}"标记代码块，便于维护和阅读。

2.8.1　程序流程图符号

在介绍 Java 流程控制语句前，先简单介绍程序流程图符号。程序流程图是人们对解决问题的方法、思路或算法的一种描述。程序流程图又称程序框图，是用统一规定的标准符号描述程序运行具体步骤的图形表示。程序框图的设计是在处理流程图的基础上，通过对输入输出数据和处理过程的详细分析，将程序的主要运行步骤和内容标识出来。

程序流程图由起止框、处理框、判断框、输入输出、连接点、流程线、注释框等构成。主要框图符号如图 2-1 所示。通过框图并结合相应的算法，构成整个程序流程图。

起止框　　　处理框　　　判断框　　　输入输出

图 2-1　主要框图符号

（1）起止框表示程序的开始或结束。

（2）处理框具有处理功能。

（3）判断框（菱形框）具有条件判断功能，有一个入口、两个出口。

（4）输入输出表示数据的录入或者输出。

（5）连接点可将流程线连接起来，表示流程的路径和方向。

任何复杂的算法都可以由顺序结构、选择(分支)结构和循环结构这三种基本结构组成。基本结构之间可以并列、可以相互包含,但不允许交叉,不允许从一个结构直接转到另一个结构的内部。

其他的相关符号读者可自行查阅相关资料,在此不再赘述。

2.8.2　条件分支

1. if 条件语句

if 条件语句分为以下几种类型。

1) 单分支结构

```
if(布尔表达式){
    语句块;
}
```

2) if-else 双分支结构

```
if(布尔表达式){
    语句 1;
}else{
    语句 2;
}
```

3) if-else if-else 多分支结构

```
if(布尔表达式 1){
    语句块 1;
}else if(布尔表达式 2){
    语句块 2;
}else if(布尔表达式 3){
    语句块 3;
}else{
    语句块 4;
}
```

4) 嵌套 if 语句

```
if(布尔表达式 1){
    if(布尔表达式 2){
        语句块 1;
    }else{
        语句块 2;
    }
}else if(布尔表达式 3){
    if(布尔表达式 4){
        语句 3;
    }else if(布尔表达式 5){
        语句 4;
    }else{
        语句 5;
```

```
    }
}else{
    语句 6;
}
```

if 条件分支示例如程序 2-10 所示。

程序 2-10　if 条件分支语句

```java
package chap2samp;
import java.util.Scanner;

public class Processcontrol {

    public void testIf() {
        Scanner scanner = new Scanner(System.in);
        System.out.println("请输入您的成绩：");
        int x = scanner.nextInt();                      //接收从控制台输入的数据
        if (x >= 90 && x <= 100) {
            System.out.println("优秀");
        } else if (x >= 80 && x < 90) {
            System.out.println("良好");
        } else if (x >= 60 && x < 80) {
            System.out.println("及格");
        } else {
            System.out.println("同学,要好好学习、天天向上!");
        }
        scanner.close();
    }

    public static void main(String[] args) {
        Processcontrol mytest = new Processcontrol();
        mytest.testIf();
    }
}
```

程序 2-10 流程图如图 2-2 所示。

读者可以自行设置断点跟踪调试,考察程序的逻辑处理过程。

2. switch-case 语句

switch-case 语句的格式为：

```
switch(表达式){
case 常量 1:
    语句块 1;
    [break];
case 常量 2:
    语句块 2;
    [break];
    …
case 常量 n:
    语句块 n;
```

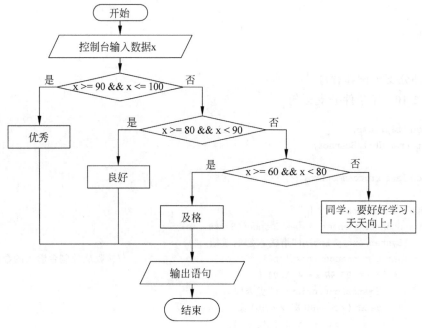

图 2-2　程序 2-10 流程图

```
    [break];
[default:
    语句 n + 1;]
}
```

[]表示可选,下同。

switch 后面表达式的值一般是 byte、short、int 或者 char,从 Java SE 7 开始,支持 String 类型。

switch 语句可以有多个 case 语句,每个 case 后面跟一个拟比较的常量和冒号,常量的数据类型必须与表达式的数据类型相同,而且必须为字面量或字符串常量,所有 case 分支中的常量值应不同。

break 语句用来终止当前处理,跳出 switch 语句。一般每个 case 语句执行完都要用 break 终止 switch 语句,有时可以根据程序要实现的逻辑需要,不用 break 语句。如果没有 break 语句出现,程序会继续执行下一条 case 语句,直到出现 break 语句或者执行完全部 switch 语句。

switch 语句可以包含一个 default 分支,该分支一般是 switch 语句的最后一个分支。default 在没有 case 语句的值和表达式的值相等时执行,default 分支不需要 break 语句。

当表达式的值与 case 语句的值相等时,case 语句之后的语句开始执行,如果不相等,继续向下比较,如果所有的 case 分支条件都不满足,则执行 default 语句,没有 default 语句时 switch 语句结束。在程序 2-10 代码中的 public static void main(String[] args)前面添加一段 switch 语句测试代码,如程序 2-11 所示。

程序 2-11　switch-case 语句示例

```
public void testSwitch() {
```

```java
char grade = 'B';
switch (grade) {
case 'A':
    System.out.println("优秀");
    break;
case 'B':
case 'C':
    System.out.println("良好");
    break;
case 'D':
    System.out.println("及格");
    break;
case 'E':
    System.out.println("你需要再努力努力");
    break;
default:
    System.out.println("未知等级");
}
System.out.println("你的等级是 " + grade);
}
```

在 main()方法 mytest.testIf()下面增加一行：

```java
mytest.testSwitch();
```

为了仅显示强制类型转换运行结果，注释掉 mytest.testIf()，运行结果如下：

```
良好
你的等级是 B
```

程序 2-11 的流程如图 2-3 所示。

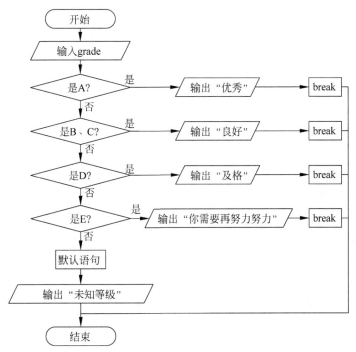

图 2-3　程序 2-11 的流程

switch 语句与 if 语句都能实现多分支结构,区别是 switch 语句只能出现同类型等值条件判断,if 语句则没有这种限制。有时 switch 语句和 if 语句联合应用,能够实现复杂条件分支处理逻辑。

2.8.3　循环语句

循环语句即反复执行一段代码,直到不满足循环条件为止。Java 循环语句一般包括 for 循环、while 循环和 do-while 循环。for 循环实现确定次数循环,while 循环、do-while 循环实现不确定次数循环。

1. for 循环

for 循环语法格式如下:

```
for(表达式 1;布尔表达式 2;表达式 3){
    循环体语句块;
}
```

for 循环的 3 个表达式中,表达式 1 用于进行循环的初始化;布尔表达式 2 用于循环的条件判断,若满足则执行循环体,否则终止循环;表达式 3 对循环变量进行修改,再执行布尔表达式 2 进行下一轮循环的判断,如程序 2-7 中第 9 行。

for 循环通常知道循环次数,当条件满足时执行循环体。for 循环的处理过程如图 2-4 所示。

程序 2-8 中打印输出数组 a 的值使用了嵌套的 for 循环,每层的循环次数由对应维的数组长度确定。

Java 5 之后出现了 foreach 循环语句,主要用于遍历数组、集合。foreach 语句是 for 语句的特殊简化版本,foreach 并不是一个关键字,习惯上将这种特殊的 for 语句格式称为 foreach 语句。foreach 的语法格式为:

```
for(类型 变量名: 集合){
    语句块;
}
```

foreach 语句示例如程序 2-12 所示。

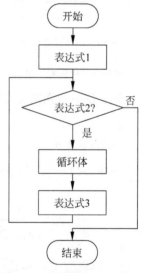

图 2-4　for 循环的处理过程

程序 2-12　foreach 语句示例

```
public void testForeach() {
    String languages[] = { "Java", "C++", "JS", "Python" };
    for (String langs : languages) {
        System.out.println(langs);          // 依次输出: "Java" "C++" "JS" "Python"
    }
}
```

foreach 语句并不能完全取代 for 语句,任何的 foreach 语句都可以改写为 for 语句版本。

2．while 循环

while 循环在条件满足时执行循环体,是当型循环,即先判断一个测试条件,如果为真,则执行循环语句,执行完后再次判断测试条件是否为真,如果为假则结束循环。while 循环的语法格式如下：

```
while(布尔表达式){
    循环体语句块;
}
```

在前面代码中的 public static void main(String[] args)前面添加一段 while 循环测试代码,如程序 2-13 所示。

程序 2-13　while 循环

```java
public void testWhile () {
    int i = 1;
    while (i <= 5) {
        System.out.println("你好" + i);
        i++;
    }
}
```

与前面类似,对 main()方法添加方法调用语句 mytest.testWhile()并注释掉其他方法的调用语句,运行结果如下：

```
你好 1
你好 2
你好 3
你好 4
你好 5
```

程序 2-13 的流程如图 2-5 所示。

3．do-while 循环

do-while 循环实现直到型循环,即先执行循环体,然后判断条件是否成立,成立则继续循环,否则结束。do-while 循环体至少会执行一次,而 while 循环体在初始条件不满足时一次都不会执行。do-while 循环的语法格式如下：

```
do{
    循环体语句块;
}while(布尔表达式);
```

在前面代码中的 public static void main(String[] args)前面添加一段 do-while 循环测试代码,采用 do-while 循环语句实现平方和计算,如程序 2-14 所示。

程序 2-14　do-while 循环计算平方和

```java
public void Sumofsquares(int n) {
    if(n < 1){
```

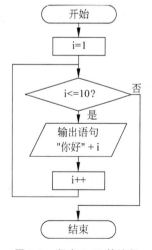

图 2-5　程序 2-13 的流程

```
        System.out.println("平方和公式用于求连续自然数的平方和,您输入的参数小于1,不符
    合要求,无法计算!");
        return;
    }
    int squaresum = 0;
    int i = 1;
    do {
        squaresum = squaresum + i * i;
        i++;
    } while (i <= n);
    System.out.println("1 到" + n + "的平方和是: " + squaresum);
}
```

在 main()方法 mytest. testWhile ()下面增加两行:

```
int n = 10;
mytest. Sumofsquares(n);
```

为了仅显示本次运行结果,注释掉 mytest. testWhile(),运行结果如下:

1 到 10 的平方和是: 385

while 循环与 for 循环的不同之处在于,while 循环没有内置的计数器或更新表达式。如果不是通过控制代码块运行次数这样简单的规则,而是需要更复杂的规则控制语句块的循环执行,一般常使用 while 循环。

由于 while 循环没有显式的内置计数器变量,因此容易产生无限循环。此外,对于不同的数据样本处理时循环条件的更新也不同,容易出现从不更新条件的 while 循环。因此,在使用 while 循环时应注意不要出现无限循环,除了在数据处理过程中自动更新循环条件,一般也可以在循环体结合 if 判断对循环条件进行更新或者 break 结束循环。

2.8.4 跳转语句

在逻辑处理过程中,需要根据情况进行跳转,跳转语句用于结束当前处理转向相应的处理过程。跳转语句有 break、continue 和 return 语句。

1. break 语句

break 语句的作用是终止当前处理,跳出当前处理。

在前面的示例代码中可以看到,break 语句在 switch 语句 case 中终止当前处理,后续代码不再运行,跳出 switch 语句。

在循环语句中,使用 break 语句强行退出循环,常与条件判断联合使用,如程序 2-15 所示。

程序 2-15 使用 break 语句强行退出循环

```
public void testBreak() {
    for (int a = 0; a < 6; a++) {
        if (a > 3) {
            break;
        }
        System.out.println(a);              //依次输出: 0、1、2、3
```

```
        }
    }
```

2. continue 语句

continue 语句的作用是跳过当前循环进入下一次循环，一般用于 while 循环、for 循环中，如程序 2-16 所示。

程序 2-16 使用 continue 语句跳过当前循环进入下一次循环

```
public void testContinue() {
    for (int a = 1; a < 6; a++) {
        if (a % 3 == 0) {
            continue;
        }
        System.out.println(a);          //依次输出：1、2、4、5
    }
}
```

上面的代码输出数据时跳过 3 的倍数。

3. return 语句

return 语句的作用是退出当前方法返回到上层调用方法，如程序 2-17 所示。

程序 2-17 return 语句

```
public String testReturn(int Score) {
    String Grade = "";
    if (Score >= 90 && Score <= 100) {
        Grade = "优秀";
    } else if (Score >= 80 && Score < 89) {
        Grade = "良好";
    } else if (Score >= 60 && Score < 79) {
        Grade = "及格";
    } else {
        Grade = " - 1";
    }
    return Grade;                        //将 Grade 返回主调方法
}
```

在 main()方法中增加三行：

```
int Score = 87;
String Grade = mytest.testReturn(Score);
System.out.println("成绩等级是: " + Grade);
```

为了仅显示本次运行结果，可以像前面一样注释掉其他方法的调用语句。

2.9 异常处理

程序编制完后可能没有语法错误通过了编译，但在运行时会由于给定的参数出界或者其他原因导致程序异常（exception），即运行时出错，例如将字符串转换为整型数的处理，如果字符串中含有非数值字符就会报错。这些运行时错误如果不处理,会导致程序无法继续运行,异常中断,因此需要对可能出现异常的代码进行处理。

1. 异常捕获及处理

Java 中当程序运行出现异常时,会抛出异常。异常对象不仅封装了错误信息,还包含了错误发生时的上下文信息。常见的异常有数据类型转换、数组越界和输入输出异常等。在代码中要捕获这些异常并进行相应处理。异常捕获处理的基本语法如下:

```
try{
//尝试运行的程序代码
}catch(异常类型 ex1){
//异常处理代码
}catch(异常类型 ex2){
//异常处理代码
}finally{
//不管是否发生异常,都要执行的代码
}
```

try 语句块表示要尝试运行的代码,当代码发生异常时,会抛出异常对象。

catch 语句块捕获 try 代码块中发生的异常并在其代码块中做异常处理,catch 语句带一个异常类型的参数。当 try 中出现异常时,catch 会捕获发生的异常,并和自己的异常类型匹配,若匹配成功,则执行 catch 块中的代码。

无论 try 语句块是否发生异常,都要执行 finally 语句块,一般会在 finally 语句块中做一些结果检查和清理工作。

try、catch、finally 三个语句块均不能单独使用,三者可以组成 try-catch-finally、try-catch、try-finally 三种结构,catch 语句可以有一个或多个,finally 语句最多有一个。当程序中有多个 catch 块时,try 中出现的异常只会匹配 catch 中的一个并执行 catch 块代码,而不会再执行其他 catch 块,并且匹配 catch 语句的顺序是由上到下。

程序 2-18 中 Str2Num(String str)方法将字符串转换为整型数。

程序 2-18 捕获并处理异常

```
package chap2samp.Except;
public class Trycatch {
    public int Str2Num(String str){
        int Num = -9999;      //初始化一个很大的负数,如果主调方法接收到这个数表明转换失败
        Num = Integer.parseInt(str);
        return Num;
    }

    public static void main(String[] args) {
        Trycatch mytest = new Trycatch();
        String str = "";
        int Num = -9999;
        str = "123";
        Num = mytest.Str2Num(str);
        System.out.println("字符串" + str + "转整数为" + Num);
    }
}
```

当 str＝"123"时,运行此程序,转换正常,运行结果如下:

字符串 123 转整数为 123

如果将 str 改为"123a",运行此程序,则会报错:

```
Exception in thread "main" java.lang.NumberFormatException: For input string: "123a"
    at java.lang.NumberFormatException.forInputString(NumberFormatException.java:65)
    at java.lang.Integer.parseInt(Integer.java:580)
    at java.lang.Integer.parseInt(Integer.java:615)
    at chap3samp.Trycatch.Str2Num(Trycatch.java:7)
    at chap3samp.Trycatch.main(Trycatch.java:16)
```

"123a"中包含了非数值字符'a',不能转换为 int 型。出现错误,Integer.parseInt()方法抛出 NumberFormatException 异常,程序终止。为了处理这个异常,修改 Str2Num(String str)方法代码如下:

```java
public int Str2Num(String str) {
    int Num = - 9999;
    try {
        Num = Integer.parseInt(str);
    } catch (NumberFormatException e) {
        System.out.println("字符串转整数失败!可能存在非数值字符.");
    } finally{
        //不管是否发生异常都要执行的代码
        System.out.println("finally 这里的代码总是要执行,即使没有异常也要执行.");
    }
    return Num;
}
```

加上 try-catch 后,当发生异常时,程序能够捕获 NumberFormatException 异常,并在 catch 代码块中处理,程序不会像之前一样终止异常。

程序运行结果如下:

字符串转整数失败!可能存在非数值字符。
finally 这里的代码总是要执行,即使没有异常也要执行。
字符串 123a 转整数为 - 9999

这时,程序的结果也是不可用的,换句话说,程序应该能够根据转换的结果进行相应的处理,例如将 System.out.println("字符串"＋str＋"转整数为"＋Num)这一行修改为:

```java
if (Num == - 9999) {
    System.out.println("字符串转整数失败!可能存在非数值字符.请检查后重试.");
} else {
    System.out.println("字符串" + str + "转整数为" + Num);
}
```

程序运行结果如下:

字符串转整数失败!可能存在非数值字符。
finally 这里的代码总是要执行,即使没有异常也要执行。
字符串转整数失败!可能存在非数值字符。请检查后重试。

这时就能正常处理字符串转整型数了。

2. 抛出异常

上面介绍了捕获程序中的异常,下面看看程序中如何抛出异常。抛出异常的方式有两种:一种是在代码中使用 throw 关键字抛出;另一种是在方法头中用 throws 关键字抛出。

throw 语句可以单独使用,throw 语句抛出的不是异常类,而是一个异常实例,而且每次只能抛出一个异常实例。throw 语句的格式如下:

```
throw ExceptionInstance
```

ExceptionInstance 是指异常实例。程序 2-19 是在程序中自行抛出 NumberFormatException 异常的一个例子。

程序 2-19   使用 throw 抛出异常

```java
package chap2samp.Except;

public class ThrowExpt {
    public void throwex() {
        String s = "abc";
        if (s.equals("abc")) {
            throw new NumberFormatException();
        } else {
            System.out.println(s);
        }
    }

    public static void main(String[] args) {
        ThrowExpt mytest = new ThrowExpt();
        mytest.throwex();
    }

}
```

程序运行结果如下:

```
Exception in thread "main" java.lang.NumberFormatException
    at chap3samp.ThrowExpt.throwex(ThrowExpt.java:7)
    at chap3samp.ThrowExpt.main(ThrowExpt.java:15)
```

如果程序中可能会产生异常,并且将异常抛给调用者处理,一般会用 throws 在方法声明时指明,表示该方法可能要抛出异常。throws 格式如下:

```java
public void function() throws Exception{
    ...
}
```

如果有多个异常,则用逗号分隔。

修改代码,Str2Num()方法使用 throws 抛出 NumberFormatException 异常,在主调方法中捕获异常并处理,如程序 2-20 所示。

程序 2-20　使用 throws 抛出异常

```java
package chap2samp.Except;

public class ThrowsExpt {
    public int Str2Num(String str) throws NumberFormatException {
        int Num = - 9999;
        Num = Integer.parseInt(str);
        return Num;
    }

    public static void main(String[] args) {
        ThrowsExpt mytest = new ThrowsExpt();
        String str = "";
        int Num = - 9999;
        str = "123a";
        try {
            Num = mytest.Str2Num(str);
            System.out.println("字符串" + str + "转整数为" + Num);
        } catch (NumberFormatException e) {
            System.out.println("字符串转整数失败!可能存在非数值字符.");
        }
    }

}
```

程序运行结果如下：

字符串转整数失败!可能存在非数值字符。

throws 表示出现异常的一种可能性,并不一定会发生这些异常,就像字符串转整型数时,如果字符串都是数字,则不会产生异常,例如将 str 的值修改为 123,则运行结果为：

字符串 123 转整数为 123

如果 Java 提供的异常类型不能满足要求,例如在抛出异常中还要包含一些业务信息,这时可以继承 Exception 类或其子类自定义异常类,使用方法和 NumberFormatException 类似。

2.10　综 合 示 例

2.10.1　输出数组中最大数及下标

给定一个整数数组,编写程序,找出数组中的最大数及对应下标。解题思路是,定义一个变量 max 保存最大数,定义一个变量 maxIdx 保存最大数对应的下标。初始时假定第一个数即为最大数,然后利用循环和后面的数进行比较,如果比后面的数小则更新最大数和下标。代码如程序 2-21 所示。

程序 2-21   输出数组中最大数及下标

```java
package chap2samp;

public class Chap2Findmax {

    //定义一个数组,输出数组中最大数及下标
    public void FindMaxInt() {
        int[] data = new int[] { 1, 22, 3, 54, 5, 6, 0 };
        int max = data[0];
        int maxIdx = 0;
        for (int i = 1; i < data.length; i++) {
            if (max < data[i]) {
                max = data[i];
                maxIdx = i;
            }
        }
        System.out.println("数组中的最大数是 data[" + maxIdx + "] = " + data[maxIdx]);
    }

    public static void main(String[] args) {
        Chap2Findmax mysamp = new Chap2Findmax();
        mysamp.FindMaxInt ();
    }
}
```

程序运行结果如下：

数组中的最大数是 data[3] = 54

检索数据序列中的极值是相关算法中常用的功能,本例中的数组可以修改为相关的基本类型或者引用类型等数据结构以满足实际需要。

2.10.2 输出 100 以内的质数

在控制台打印输出 100 以内的质数,一行显示 5 个。解题思路是,质数是只能被 1 和自身整除的自然数,1 不是质数。要求一行显示 5 个质数,可以设置一个行输出个数的计数器,每当达到 5 的倍数时换行。

最小的质数是 2,100 不是质数,因此需要在 2～100 之间进行质数遍历。变量 i 为遍历变量,根据质数的特点判断一个自然数是否为质数,当 i 为质数时输出。lcounter 为每行打印质数个数,当能够被 5 整除时换行,否则打印两个质数之间的分隔符,本例中为制表符。

在进行质数判断时,使用了内嵌循环,循环开始前设置 boolean 型变量 isPrimNum 为 true,即初始假定 i 为质数,在循环中检查 i 是否能够被除了 1 和自身以外的数整除,如果能被除了 1 和自身以外的数整除,则令 isPrimNum 为 false,即 i 不是质数,同时终止当前循环,进入下一循环,开始遍历下一个数。代码如程序 2-22 所示。

程序 2-22 输出 100 以内的质数

```java
package chap2samp;

public class Chap2Primenumber {

    //打印出 100 以内的质数,一行显示 5 个(质数是只能被 1 和自身整除的数,1 不是质数)
    public void printPrimenumber() {
        int lcounter = 0;                   //每行打印质数个数计数器
        int j = 0;
        for (int i = 2; i < 100; i++) {     //最小的质数是 2,100 不是质数
            boolean isPrimNum = true;       //isPrimNum 用来标记一个数是否质数,初始时
                                            //假定为质数
            //下面判断是否能够被除了 1 和自身外的其他数整除.如果能够被整除,说明不是
            //质数,令其为 false
            for (j = 2; j < i; j++) {       //循环判断是否能够被除了 1 和自身外的其他数整除
                if (i % j == 0) {           //如果能够被整除,表明不是质数,没有必要继续
                                            //当前循环,结束当前循环
                    isPrimNum = false;      //能够被整除,说明不是质数,令 isPrimNum 为 false
                    break;
                }
            }

            if (isPrimNum) {                //如果 isPrimNum == true,表明在上面的循环中没有找到能够
                                            //被除了 1 和自身外的其他数整除的数,即为质数
                System.out.print(i);
                lcounter++;
                if (lcounter % 5 == 0) {
                    System.out.println();  // 打印第五个数时进行换行操作
                }else{
                    System.out.print("\t"); //打印与下一个质数之间的分隔符,这里是制表位
                }
            }
        }
    }

    public static void main(String[] args) {
        Chap2Primenumber mysamp = new Chap2Primenumber();
        mysamp.printPrimenumber();
    }
}
```

程序运行结果如下:

```
2    3    5    7    11
13   17   19   23   29
31   37   41   43   47
53   59   61   67   71
73   79   83   89   97
```

2.10.3　将字符串中所有偶数保存到数组

给定包含任意字符的字符串,将其中的偶数挑选出来,保存到数组中。解决思路是,遍历字符串,取出每个字符,检查是否为数字,再判断是否为偶数,如果是偶数,则挑选出来。

这里有一个数组设置的问题。刚开始时,无法知道会挑选出来多少个偶数,也就是无法确定数组的容量。为了解决这个问题,可以通过字符串做中间变量,即先将挑选出来的字符保存到一个字符串中,全部挑选完后,再根据字符串的长度确定 int 数组的长度,将字符串中每个字符转换为 int 型数值,保存到数组中。另外一种处理方式是假定全部是偶数,定义一个临时数组,长度为字符串长度,将挑选出来的偶数保存到临时数组中,在挑选偶数时进行计数,待挑选完毕后,根据记录的个数设置最终数组的长度,从临时数组中将相关数据复制到最终数组中。本书采用第一种处理方式,代码如程序 2-23 所示。

程序 2-23　挑选字符串中的偶数

```java
package chap2samp;

import java.util.Arrays;

public class Chap2PickDatas {

    //将字符串中所有偶数保存到 int[]数组
    public void PickEvenNum() {
        String str = "张 zqh9876zbw2007zbh211";          //初始字符串
        String strPicked = "";                           //保存挑选出来的字符
        // 1.遍历字符串,获取每个字符
        for (int i = 0; i < str.length(); i++) {
            char charAt = str.charAt(i);
            // 2.判断是否为数字
            if (Character.isDigit(charAt)) {             //如果是数字
                //3.判断是否为偶数
                int parseInt = Integer.parseInt(String.valueOf(charAt));
                if (parseInt % 2 == 0) {                 //被 2 整除即为偶数
                    //如果是偶数,将其添加到字符串中
                    strPicked = strPicked + charAt;
                }
            }
        }
        System.out.println("strPicked:" + strPicked);
        // 4.根据字符串长度来创建 int[]
        int[] arr = new int[strPicked.length()];
        for (int i = 0; i < strPicked.length(); i++) {   //循环遍历整个保存了偶数的字符串
            char charAt = strPicked.charAt(i);           //获取第 i 个字符
            //将该字符转为 int 型
            int parseInt = Integer.parseInt(String.valueOf(charAt));
            // 5.将数据保存到数组
            arr[i] = parseInt;
        }
```

```
        System.out.println(Arrays.toString(arr));            //输出结果
    }

    public static void main(String[] args) {
        Chap2PickDatas mysamp = new Chap2PickDatas();
        mysamp.PickEvenNum();
    }
}
```

程序运行结果如下:

```
strPicked:862002
[8, 6, 2, 0, 0, 2]
```

从运行结果可以看出,程序中调用了 Character.isDigit()方法,这样字符串中包含了汉字、字母等非数值字符也能正常处理。Integer.parseInt()方法的输入参数如果是非数字则会产生异常报错,本例中因为已经进行了是否为数字的判断,后面在数据类型转换时省略了是否为数字的判断。

注意,在数据类型转换时先将字符 charAt 转换为字符串再进行数据类型转换。如果直接将字符 charAt 赋值给 parseInt,parseInt 中保存的是 charAt 的 ASCII 码,由于偶数的 ASCII 码恰好也是偶数,因此在本例中也可以将字符 charAt 直接赋值给 parseInt 进行偶数判断,但更多时不是判断是否为偶数,而是进行其他的处理,因此不推荐这种处理方式。

2.10.4　字符串反转

字符串反转将字符串中字符的顺序变为与原字符串中字符顺序相反。要将字符串反转,可以有以下几种思路。

(1) 将字符串转换为字符数组,然后对字符数组两端字符对调,即头部移到尾部,尾部移到头部,对调从两端开始逐渐向中间进行,直到全部元素完成位置对调,再将字符数组转换为字符串。如程序 2-24 中的 reverseChangePos()方法所示。

(2) 创建一个新的字符串变量,从原字符串中逆序读取字符,实现反转。如程序 2-24 中的 reverseRead()方法所示。

(3) 借助 StringBuffer.reverse()方法实现字符串反转。如程序 2-24 中的 reverseStrBuf()方法所示。

程序 2-24　字符串反转

```
package chap2samp;
public class Chap2ReverseStr {
    //字符串反转:首尾对调位置
    public String reverseChangePos(String str) {
        char[] chs = str.toCharArray();                    //将字符串转换为字符数组
        for (int start = 0, end = chs.length - 1; start < end; start++, end--) {
                                                            //从两端开始对调位置
            char temp = chs[start];
            chs[start] = chs[end];
            chs[end] = temp;
```

```java
        }
        String retStr = new String(chs);                    //将字符数组转换为字符串
        return retStr;
    }
    //字符串反转:逆序读取字符
    public String reverseRead(String str) {
        String retStr = new String("");                     //创建一个空字符串
        for (int i = str.length() - 1; i >= 0; i--) {       //从后向前读取,添加到 retStr 末尾
            retStr += str.charAt(i);
        }
        return retStr;
    }
    //字符串反转:StringBuffer.reverse()
    public String reverseStrBuf(String str) {
        String retStr = new StringBuffer(str).reverse().toString();
        return retStr;
    }
    public static void main(String[] args) {
        Chap2ReverseStr mysamp = new Chap2ReverseStr();

        String Str = "12345abcde";
        String retStr = mysamp.reverseChangePos(Str);
        System.out.println("两端对调:\t" + retStr);
        retStr = mysamp.reverseRead(Str);
        System.out.println("数组逆序:\t" + retStr);
        retStr = mysamp.reverseStrBuf(Str);
        System.out.println("StringBuffer:\t" + retStr);
    }
}
```

程序运行结果如下:

```
两端对调:     edcba54321

数组逆序:     edcba54321
StringBuffer:  edcba54321
```

2.10.5　选择排序

选择排序(selection sort)是最简单的排序方法,基本逻辑是:首先找出关键字值最小的记录,然后把这个记录与第一个位置上的记录对调,确定了关键字值最小的记录的位置;接着,在剩余的记录中查找关键字值最小的记录,并把它与第二个位置上的记录进行对调,确定了关键字值第二小的记录的位置;以此类推,直到所有的记录确定了对应位置,便得到了按关键字值非减次序排序的有序文件。如果排序目标是非增序列,则将上述步骤中的搜索最小数改为搜索最大数。图 2-6 是选择排序的运行过程。

(1) 初始时,无序区为"46,26,22,68,48,42",最小元素为 22,放在有序序列的第一个位置,得到有序序列 22;

（2）从剩余无序区"26,46,68,48,42"找出最小元素 26,放在有序区末尾,得到有序区"22,26";

（3）从剩余无序区"46,68,48,42"找出最小元素 42,放在有序区末尾,得到有序区"22,26,42";

（4）从剩余无序区"46,68,48"找出最小元素 46,放在有序区末尾,得到有序区"22,26,42,46";

（5）从剩余无序区"68,48"找出最小元素 48,放在有序区末尾,得到有序区"22,26,42,46,48";

（6）将最后的无序区元素"68",放在有序区末尾,得到排序结果"22,26,42,46,48,68"。

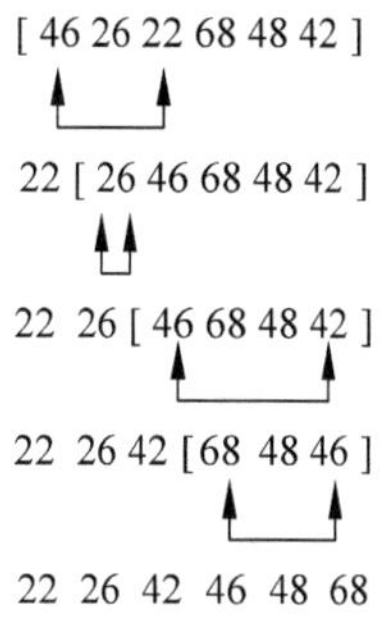

[46 26 22 68 48 42]

22 [26 46 68 48 42]

22 26 [46 68 48 42]

22 26 42 [68 48 46]

22 26 42 46 48 68

图 2-6　选择排序的运行过程

选择排序的代码如程序 2-25 所示。

程序 2-25　选择排序法从小到大排序

```java
package chap2samp;

public class Chap2Selectsort {

    //利用选择排序对数据进行升序排序
    public int[] SelectSortASC(int[] array) {
        int i, j, temp;
        int minIndex;                          //记录最小数在数组中对应的下标
        for (i = 0; i < array.length - 1; i++) {
            minIndex = i;                      //初始假定元素 i 为最小数,记录对应的下标
            for (j = i + 1; j < array.length; j++) {
                if (array[minIndex] > array[j]) {   //从小到大排序
                    minIndex = j;
                }
            }
            temp = array[minIndex];            //交换
            array[minIndex] = array[i];
            array[i] = temp;
        }
        return array;
    }

    public static void main(String[] args) {
        Chap2Selectsort mysamp = new Chap2Selectsort();

        int[] datas = new int[] { 46, 26, 22, 68, 48, 42 };
        System.out.println("排序前: ");
        for (int d : datas) {
            System.out.print(d + "\t");
        }
        System.out.println();
        mysamp.SelectSortASC(datas);
        System.out.println("排序后: ");
        for (int d : datas) {
```

```
            System.out.print(d + "\t");
        }
        System.out.println();

    }
}
```

程序运行结果如下：

排序前：
46　26　22　68　48　42
排序后：
22　26　42　46　48　68

如果排序目标改为从大到小排序，把 if（array[minIndex]＞array[j]）中的＞改为＜。

2.10.6　学生成绩排序

学生成绩原始信息包括学号、姓名、Java 成绩、语文成绩、英语成绩，现在要求按总分由高到低排序后输出。

与前面的简单数据序列排序不同，本题目要求对记录按某一关键字的值进行排序，主要的区别是单一数据元素的排序变为多个数据元素组成的记录的排序。解决的思路是，在排序时以关键字的值进行搜索，在排序位置处理时以记录为单位。

能够保存记录的数据结构有很多，这里从便于初学者理解和处理考虑使用二维数组存储学生的数据，一行存储一个学生的数据，包括学号、姓名、Java 成绩、语文成绩、英语成绩、总分。初始给出学号、姓名、Java 成绩、语文成绩、英语成绩，总分在计算后得到，保存在最后一列，然后按照总分由高到低重新排序。

程序处理的关键点之一是记录交换，程序 2-25 中元素的交换是通过一个 int 型中间变量 temp 实现的，在本例中，需要将中间变量 temp 变为能够存储一个记录的结构，即将 temp 定义为能保存一条记录的数组，进而进行记录交换。

由于采用 String 数组存储记录，总分类型为 String，不能进行数值比较，因此定义了一个 int sum[]数组保存总分，便于排序时进行数值比较。代码如程序 2-26 所示。

程序 2-26　学生成绩排序

```
package chap2samp;

public class Chap2SortObjs {

    //对学生成绩进行降序排序
    public void SortScore() {
        String[][] student = { { "1001", "王欢欢", "93", "92", "92", "0" }, { "1002", "李晶
晶", "92", "94", "95", "0" },
                { "1003", "张文", "91", "90", "89", "0" }, { "1004", "张涵", "90", "92",
"91", "0" }, { "1005", "田荣荣", "89", "92", "96", "0" }};
        int n = student.length;
```

```java
//先计算总分,保存到数组 student 中的第 6 列
int[] sum = new int[n];                          //存放总分的一个 int 型数组
for (int i = 0; i < n; i++) {//计算每个学生的总分
    sum[i] = Integer.parseInt(student[i][2]) + Integer.parseInt(student[i][3])
            + Integer.parseInt(student[i][4]);
    student[i][5] = String.valueOf(sum[i]);//将 int 型转为字符串存入 student 中的第 6 列
}
System.out.println("排列前的学生信息:\n 学号\t 姓名\tJava 成绩\t 语文成绩\t 英语
成绩\t 总分");
for (int i = 0; i < n; i++) {                    //打印降序排列之前的学生信息
    for (int j = 0; j < student[i].length; j++) {
        System.out.print(student[i][j] + "\t");
    }
    System.out.print("\n");
}
//降序排序
String[] temp = new String[6];                   //临时数组变量存储学生的成绩信息
for (int i = 0; i < n - 1; i++) {                //根据总分进行降序排序
    int maxIdx = i;                              //保留高分的下标
    for (int j = i + 1; j < n; j++) {
        if (sum[maxIdx] < sum[j]) {
            maxIdx = j;
        }
    }
    //通过数组临时变量进行记录交换
    temp = student[maxIdx];
    student[maxIdx] = student[i];
    student[i] = temp;
    //总成绩数组也要交换位置
    int tmp = sum[maxIdx];
    sum[maxIdx] = sum[i];
    sum[i] = tmp;
}
System.out.println("按总分降序排列后的学生信息:\n 学号\t 姓名\tJava 成绩\t 语文成
绩\t 英语成绩\t 总分");
for (int i = 0; i < n; i++) {                    //打印降序排列之后的学生信息
    for (int j = 0; j < student[i].length; j++) {
        System.out.print(student[i][j] + "\t");
    }
    System.out.print("\n");
}
}

public static void main(String[] args) {
    Chap2SortObjs mysamp = new Chap2SortObjs();
    mysamp.SortScore();
}
}
```

程序运行结果如下：

排列前的学生信息：

学号	姓名	Java 成绩	语文成绩	英语成绩	总分
1001	王欢欢	93	92	92	277
1002	李晶晶	92	94	95	281
1003	张文	91	90	89	270
1004	张涵	90	92	91	273
1005	田荣荣	89	92	96	277

按总分降序排列后的学生信息：

学号	姓名	Java 成绩	语文成绩	英语成绩	总分
1002	李晶晶	92	94	95	281
1001	王欢欢	93	92	92	277
1005	田荣荣	89	92	96	277
1004	张涵	90	92	91	273
1003	张文	91	90	89	270

本例中采用的 sum 排序同步调整目标元素序列顺序方法也适用大型数据的处理，即有时候处理大型数据时，先做数据元素索引，对索引进行排序，再调整原序列顺序。

程序 2-26 中，通过 sum 数组进行数值大小判断进行排序同步调整学生信息数组元素的顺序，如果不通过 sum 数组进行数值比较进行排序，就需要采用字符串处理方法。一般有如下两种方式。

（1）将字符串转换为数值。

在本例中可以将学生数组中总分字符串转换为 int 型，然后再进行大小比较，将

```
if (sum[maxIdx] < sum[j]) {
```

改为

```
if (Integer.parseInt(student[maxIdx][5]) < Integer.parseInt(student[j][5]) ) {
```

这时可以不用处理 sum 数组，注释掉 sum 数组元素位置交换相关代码，也能实现题目要求。

（2）字符串比较方法。

在本例中也可以直接对学生数组中总分字符串进行比较，但这时需要用字符串比较的方式，将

```
if (sum[maxIdx] < sum[j]) {
```

改为

```
if (student[maxIdx][5].compareTo(student[j][5]) < 0 ) {
```

这时也可以不用处理 sum 数组，注释掉 sum 数组元素位置交换相关代码，也同样能实现题目要求。

2.11 小　　结

本章介绍了Java的基础语法知识,是进一步学习和应用Java语言的基础。读者需要了解和掌握以下内容。

(1) Java源代码的书写格式,能够编制简单的Java代码。

(2) 标识符的相关规则和常用命名方法。

(3) 数据类型间的自动转换、强制转换。

(4) 一维数组、多维数组的使用。

(5) 字符串的常用方法。

(6) 流程控制语句的使用。

(7) 异常捕获及处理、异常抛出方式。

2.12 练　习　题

1. 试编写代码,考察普通分隔符改为全角时编译程序的提示。

2. 试编写代码,输出各种数据类型的取值范围。

3. 参考本章示例,编写数据类型转换代码,输出某一数据类型转换其他类型后的值,如int 与 byte、int 与 char、int 与 double、int 与 String 转换等,注意考察一下强制类型转换时当待转换数据类型取值超出了目标类型的取值范围时的转换结果。

4. 试编写代码,输出数字和大小写字母的 ASCII 码。

5. 试编写代码,考察如果 int 型数求和超出整型数最大值,结果如何?

6. 试编写代码,实现 byte、正负整数的二进制转换,体会和理解数据类型占用内存和取值范围等相关知识。

7. 数组有几种声明方式? 有几种初始化方式?

8. 试编写代码,找出'知'在字符串"知之为知之,不知为不知,是知也。"中出现的所有位置。

9. 试编写代码,检查电子邮箱格式是否正确。

10. 试优化完善程序 2-10 的代码,使得在输入非数值时能够提示并继续允许用户输入数据。

11. 试修改程序 2-11 中 grade 变量的值,考察不同值运行结果的变化。

12. 试注释掉程序 2-11 中 break 语句,考察运行结果的变化。

13. 试优化完善程序 2-22,减少循环次数。

14. 试编写代码,实现输入月份后输出对应的季节。

15. 试编写代码,实现九九乘法表,考察循环嵌套。

16. 循环输出 1～100 之间所有能被 3 或能被 4 整除的数。

17. 试编写代码,计算 $1+1/4+1/9+\cdots+1/(20*20)$。

18. 如何抛出异常? 有几种方式? 如何捕获异常? 试编写代码举例说明。

第 3 章

Java面向对象编程

3.1 类和对象的概念

在现实世界中,不同类型的个体对象共同构成了世界万物。事物有各种特征属性,如长度、宽度、高度等,又有不同的行为,例如树木有生长行为等。事物的特征属性会随其行为发生改变,例如,树木通过生长改变高度、人过度饮食会改变体重属性等。人们在认识世界的过程中,根据事物的共同特征进行归类,在对各类事物的描述中,会对事物的特征属性和行为进行定义。如:

```
类 人{
    属性:身高、体重
    行为:
    吃(){
        摄取食物
        吃多会胖,体重增加
    }
    运动(){
        跑、跳
        运动会强身健体
    }
}
```

对各类事物的定义是共性的描述,类中的一个具体个体就是一个实例对象,每个具体的对象的特征属性值又各有不同,例如树木这一类别,校园里具体的两棵树木对象的高度可能会不同。在讨论某一个体时,需要将相关的属性和行为具体化,就是将类的定义实例化到一个具体个体,这个个体就是一个实例对象。如前文所述,类的定义相当于汽车的设计图纸,要得到一辆具体的汽车就要通过实例化过程制造一辆汽车;在讨论具体一棵树时,要给出在树这一类别定义中的高度等属性,变为一棵具体的树的实例对象;讨论一个人时要将人的各种属性和行为具体化,如张三的身高是180cm、体重是80kg。

类和对象是面向对象程序设计中的基本要素,面向对象程序设计就是把对象及其关系转换为程序语言描述出来,然后再创建具体对象实例执行相关操作。

对象的特征有封装、继承和多态。

1. 封装

假如张琴同学向武岚同学借钱,武岚会从钱包里取钱借给张琴,张琴不知道武岚的钱包里有多少钱,也不能直接从武岚的钱包里取钱。这个过程中,武岚钱包里的钱是保密的,只有她自己知道,钱包里的钱只能通过武岚的取钱的动作取出。

在这里,武岚钱包里的钱只能由武岚处理,在程序设计中称为封装。对象的内部数据是受保护的,外界不能访问或改变它们的内容,只有对象中的方法才可以操作该对象内部的数据。封装提供了一个有效的途径来保护数据不被外部对象随意修改。对象内部数据的不可直接访问性称为数据隐藏。

2. 继承

较早时人们发明了燃油驱动的汽车,后来出现了带天窗的、电机驱动的电动汽车。这类汽车具有汽车的一些特征,同时增加了天窗功能,改变了动力提供方式,形成了汽车这一类别中的一个新的类别。

随着发展,某一类事物中的部分个体可能会出现新的特征,形成了一个新的子类,这个子类是从已有的类中派生出来的,继承就是从已有父类中派生出新的子类。子类能拥有父类的属性和方法,并且子类可以增加父类所没有的一些属性和方法,子类也可以根据需要改写父类的方法。

3. 多态

一类事物中,部分子类会具有一些不同于该类共性的特征,某个子类对象某个行为在父类的基础上进行了扩展,或者某个行为有多种方式,或者在某种情况下需要用子类来实例化父类对象。例如,加法计算可以有两个数相加,也可以三个数相加。这些情况使得事物呈现多种形态,即多态性,多态有很多情形,其中主要的情形有重载、重写、上转型、抽象、接口等。

3.2　Java　类

3.2.1　类的声明及实例化

类是组成 Java 程序的基本要素,它封装了一类对象的状态和方法,是采用 Java 语言对这一类对象的原型定义。

类在使用前需要先进行定义。类声明的格式如下:

```
[访问权限][abstract][final]class 类名 [extends 父类][implements 接口类型]{
    类体
}
```

其中,[]表示可选项。

class 是定义类的关键字,表明后面定义的是类。类名必须是合法有效的 Java 标识符,一般类名的第一个字母要大写。两个大括号之间的内容是类体,是对类的具体定义,一般包括描述属性的成员变量和描述行为功能的方法两个部分,类的成员变量习惯上在方法前定义。

如程序 1-1 中:

```
public class HelloWorld {
```

```
    //以下为类体
    public void saySth() {
        System.out.println("Hello World!");          //方法体
    }

    public static void main(String[] args) {
        Hello World myCls = new Hello World();
        myCls.saySth();
    }
}
```

public class Hello World 定义了一个 Hello World 类,大括号后面的部分为类体。

如前所述,类中的对象在程序中要先进行对象实例化后再使用,对象实例化有如下两种格式。

(1) 格式一:声明并实例化对象。

类名称 实例对象名称 = new 类名称();

如程序 1-1 main()方法中的

Hello World myCls = new Hello World();

实例化创建了一个 Hello World 型的对象 myCls。

关键字 new 的主要功能就是分配内存空间。

(2) 格式二:先声明对象,然后实例化对象。

类名称 实例对象名称[= null];
实例对象名称 = new 类名称();

对象的使用包括引用对象的成员变量和方法,通过点运算符"."可以实现对变量的访问和方法的调用。例如,在一个类 Point 中定义 int 型成员变量 x 和 y,在另一个类中创建 Point 型变量 myPoint,则可以通过 myPoint.x 引用 myPoint 中的变量 x。在程序 1-1 main()方法中的

    myCls.saySth();

就是对 Hello World 型的对象 myCls 的 saySth()方法的引用(或者说调用了 myCls 的 saySth()方法)。

定义格式中的 abstract 用以定义类是否为抽象类。

final 用以说明类是否为最终类。由于安全性的原因或者是面向对象设计上的考虑,有时候希望一些类不能被继承,例如,Java 中的 String 类,不能对它轻易改变,因此把它修饰为 final 类,使它不能被继承,这就保证了 String 类的唯一性。另外,如果认为一个类的定义已经很完善,不需要再生成它的子类,这时也应把它修饰为 final 类。由上可知,final 修饰的类不能被继承,没有子类。

在类声明中还可以包含类的父类、类所实现的接口。

上面提到的部分内容会在后面章节详细介绍。

Java 运行时系统通过垃圾收集机制周期性地释放无用对象所使用的内存,完成对象的

清除。当不存在对一个对象的引用(程序跳出作用域或把对象的引用赋值为 null,如 myPoint＝null)时,该对象成为一个无用对象。Java 的垃圾收集器自动扫描对象的动态内存区,对被引用的对象加标记,然后把没有引用的对象作为垃圾收集起来并释放内存。

3.2.2　成员变量

前面提到的事物属性在类中对应成员变量,作用于整个类,在类体中各个方法内都有效。在一个类中,成员变量应是唯一的,各个方法中的局部变量尽可能不要与类的成员变量同名。类的成员变量和在方法中所声明的局部变量是不同的,成员变量的作用域是整个类,而局部变量的作用域只是该方法内部,离开该方法后局部变量就是无效的,再使用就会报错。如果一个方法中既有成员变量又有局部变量,则成员变量应该用 this 加以修饰,this 表示对象自身。成员变量的类型可以是 Java 中的任意数据类型,包括简单类型、数组、类和接口。

类的成员变量声明格式为:

[访问权限][static][final][transient]数据类型 变量名[＝ 初始值];

其中,关键字 static 用于声明类变量,也称静态变量; final 用于声明常量; transient 用于声明非持久化或者序列化的变量(变量生命周期仅存于调用者的内存中而不会写到磁盘中持久化保存)。

3.2.3　成员方法

成员方法的定义如程序 1-1 main()方法中的 saySth()所示,类的成员方法声明格式为:

[访问权限][static][final] <返回值类型><方法名>([参数类型 参数名])[throws 异常类]{
　　…//方法体
　　[return 返回值]
}

类的成员方法可以有返回值,要明确给出返回值的类型,同时方法中最后要用 return 语句返回方法的返回值。如果没有返回值,则返回值的类型用关键字 void 标记。根据实际需要,成员方法可以有参数,也可以无参数。前面的示例代码中,这几种情况都出现过,如程序 1-1 main()方法中的 saySth()无参数且无返回值,程序 2-24 中的 reverseChangePos()方法有参数且有返回值。

static 修饰的方法为类方法,也称静态方法,在后面章节详细介绍。

final 修饰的方法表示此方法已经是“最后的、最终的”定义,也即此方法不能被重写。

3.2.4　构造方法

Java 中的每个类都有构造方法,构造方法用于在创建实例时初始化。当创建一个对象时,必须用 new 调用对象的构造方法为它分配内存,相当于告诉类用它的构造方法创建一个具体对象,例如前面提到的用汽车图纸造一辆汽车。构造方法与类同名,而且不返回任何数据类型。对象实例化初始设置参数有很多种方式,可以有多个构造方法,以参数的个数、类型或排序顺序来区分。

每个类都必须至少定义一个构造方法,若没有,Java会提供默认的构造方法,是一个和类同名的无参方法。

构造方法的定义格式如下:

```
[与类相同的访问控制符][与类同名方法](参数){
    …//自定义初始化
}
```

3.2.5　访问权限修饰符

一个类的属性和方法可能有部分是内部使用的,另外一部分是允许外部访问和使用的。同样,一个包中的类,有的是在包内部使用,有的是可以对包外开放,允许其他包的类来访问和使用。Java语言采用访问控制修饰符(modifier)来控制类及类的变量和方法的访问权限,限定其他对象对该类的访问,访问权限有public、protected、private、默认(friendly),如表3-1所示。

表 3-1　访问修饰符

访问级别	访问修饰符	同类	同包	子类	不同的包
公开	public	√	√	√	√
受保护	protected	√	√	√	—
私有	private	√	—	—	—
默认	没有访问控制修饰符	√	√	—	—

(1) public(公共的):对所有类可见。public修饰的类、成员变量和成员方法可以被所有类访问。一个Java文件中只能有一个public类,有public类的Java源代码文件名要与pulibc类同名。

(2) protected(受保护的):对同一包内的类和所有子类可见。protected修饰的类、成员变量和成员方法可以在类内部、相同包以及该类的子类所访问。protected侧重突出类的继承性,后面详细介绍类的继承。

(3) private(私有的):在同一类内可见。private修饰的成员变量和成员方法只能在该类内部使用,包内包外的任何类均不能访问它。private主要用于对私有信息的隐藏,外部不可见。

(4) 默认(friendly,友好的):不明确给出,不加任何访问修饰符标记,即没有用public、protected及private中的任何一种修饰。在同一包内可见,允许同一个包的其他类访问,而对于包外的任何类都不能访问它(包括包外继承了此类的子类)。默认的friendly侧重突出包的作用。如果一个Java源代码文件中没有public类,文件名一般以第一个次序出现的类命名。

3.2.6　static 修饰符

static 是一个静态修饰符,用于修饰成员变量和成员方法。

1. 成员变量

例如,几个同学在为布置班级剪纸花,同学会记录自己的完成数和纸花总数,自己剪完一个纸花,自己完成的纸花数会+1,同时纸花总数也会+1,当同学们制作的纸花达到需求数后,停止制作纸花。某个同学制作出一个纸花,更新了纸花总数,其他同学记录的纸花总数也要随之改变。这里,一个同学改变了纸花总数的值,其他同学虽然没有对纸花总数进行修改,但在使用纸花总数时也变成修改后的值。

类的成员变量可以分成被 static 修饰的类变量(静态变量)和没有被 static 修饰的实例变量两种。

(1)类变量不属于某个实例对象,而是属于整个类。Java 虚拟机只为静态变量分配一次内存,在加载类的过程中完成静态变量的内存分配。只要加载了类,不用创建任何实例对象,静态变量就被分配空间,就可以使用。在类的内部,可以在任何方法内直接访问静态变量;在其他类中,可以通过类名访问该类中的静态变量。类变量是所有对象共享变量,其中一个对象将它的值改变,其他对象的值随之改变。

(2)实例变量是某个对象的私有属性,只有实例化对象后,才会被分配空间,才能使用。每创建一个实例,Java 虚拟机就会为实例变量分配一次内存。在类的内部,可以在非静态方法中直接访问实例变量,在本类的静态方法或其他类中则需要通过类的实例对象进行访问。实例变量是对象私有的,某一个对象将其值改变,不影响其他对象。

前面的例子中,纸花总数就是类变量,每个同学自己完成纸花数就是实例变量。一个对比类变量和实例变量的例子如程序 3-1 所示。

程序 3-1　类变量和实例变量

```
package chap3samp.Static;

public class Chap3Static{
    String stdName;
    static int total = 0;
    int nImade = 0;

    public Chap3Static(String stdName) {
        this.stdName = stdName;
    }

    public void makeflower() {
        if(total < 5){
            total++;
            nImade++;
            System.out.println("我是" + stdName + ",做了第" + nImade + "朵纸花,现在总共有" +
total + "朵纸花了.");
        }else{
            System.out.println("我是" + stdName + ",纸花够用了,不需要我要再做了.");
```

```
            }
        }

    public static void main(String[] args) {
        Chap3Static std1 = new Chap3Static("李红");
        Chap3Static std2 = new Chap3Static("刘兰");
        Chap3Static std3 = new Chap3Static("胡华");
        std1.makeflower();
        std2.makeflower();
        std3.makeflower();
        std1.makeflower();
        std2.makeflower();
        std3.makeflower();
        }
    }
```

程序运行结果如下：

我是李红,做了第 1 朵纸花,现在总共有 1 朵纸花了。
我是刘兰,做了第 1 朵纸花,现在总共有 2 朵纸花了。
我是胡华,做了第 1 朵纸花,现在总共有 3 朵纸花了。
我是李红,做了第 2 朵纸花,现在总共有 4 朵纸花了。
我是刘兰,做了第 2 朵纸花,现在总共有 5 朵纸花了。
我是胡华,纸花够用了,不需要再做了。

Chap3Static 类中的类变量 total 用于记录纸花总数,实例变量 nImade 记录某个同学自己做的纸花数,假设总共需要 5 朵纸花,每个同学做出一朵纸花,总数＋1,当纸花总数达到5 朵就不再做纸花了。程序中假定有三名同学参与制作纸花,每个人制作第一朵纸花时,自己制作纸花数为 1,总数＋1,类变量 total 各对象共享,因此纸花数递增。胡华在制作第二朵纸花时,发现纸花总数已经达到了需求数,停止制作纸花。类变量纸花总数 total 对所有对象共享,每个同学自己制作的纸花数 nImade 是实例变量,各自不同。

从上面的结果分析可知,静态变量值可以在多个实例对象间保持一致,也就是可以在多个实例对象间保持同步,其中一个实例对象对静态变量做出改变,该静态变量在其他实例对象引用时值也随之改变。

2. 成员方法

从前面的介绍可知,引用实例方法时,需要先进行对象实例化,而一些常用的方法,如某个数学公式的程序实现,没有必要多次实例化分配内存。

成员方法也可以分为被 static 修饰的类方法(静态方法)和没有被 static 修饰的实例方法两种。访问类方法不需要创建类的实例,可以通过类名访问。若已创建了对象,则可以通过对象引用来访问。

采用静态方法的方式,既节省了内存,又简化了引用代码,例如 Java 库中的 Math. ramdon()生成随机数的方法就是静态方法,第 2 章中的选择排序算法程序也可以定义为静态方法,不用通过 new 创建实例对象,在使用时直接通过类名引用。

此外,static 也可以创建静态块,静态块中的代码只执行一次,并且只在初始化类时执行。

3.2.7　类的封装

Java 面向对象的基本思想之一是封装细节并且公开接口。封装是将类的某些信息隐藏在类内部,不允许外部程序直接访问,只能通过该类提供的方法来实现对隐藏信息的操作和访问。

实现封装的具体步骤如下:

(1) 修改成员变量的可见性来限制对成员变量的访问,一般设为 private;

(2) 为每个成员变量创建一对赋值(setter)方法和取值(getter)方法,一般设为 public,用于成员变量的读写;

(3) 在赋值和取值方法中,加入成员变量控制语句,例如在赋值方法中对成员变量值的合法性进行判断等。

一个钱包类代码如程序 3-2 所示,有钱包主人的姓名和金额两个变量,其中金额是保密的,访问权限是 private,要通过赋值方法 setAmount()和取值方法 getAmount()访问。

在 Eclipse 中,可以自动生成 get()和 set()方法,在源代码窗口右击,在弹出的快捷菜单中选择 Source→Generate Getters and Setters 命令,如图 3-1(a)所示,在弹出的对话框中选择需要创建 get()和 set()方法的成员变量,单击 OK 按钮,自动生成相关代码,如图 3-1(b)所示。

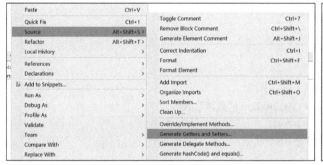

(a)　　　　　　　　　　　　　　　　(b)

图 3-1　自动生成 get()和 set()方法

(a) 选择 Source→Getters and Setters 方法;(b) 选择成员变量

程序 3-2　钱包类

```java
package chap3samp;

public class Chap3Wallet {
    public String stdName;          //姓名
    private double amount;          //金额

    Chap3Wallet() {
    }

    Chap3Wallet(String Name,double initamount) {
```

```
        super();
        this.stdName = Name;
        this.amount = initamount;
    }

    public double getAmount() {
        return amount;
    }

    public double lend(double smny) {
        double canlend = - 1;
        if (amount > smny) {
            amount = amount - smny;
            canlend = smny;
        }
        return canlend;
    }

    public void setAmount(double amount) {
        this.amount = amount;
    }
}
```

再创建一个借钱类代码如程序 3-3 所示。

程序 3-3　借钱类

```
package chap3samp;

public class Chap3Borrowmny {
    public static void main(String[] args) {
        Chap3Wallet std1wlt = new Chap3Wallet("武岚",1000);
        double requiremny = 200,borrowed;
        borrowed = std1wlt.lend(requiremny);
        if(borrowed == - 1){
            System.out.println("武岚没有那么多钱,没有借到钱.");
        }else{
            System.out.println("借到钱了.");
            System.out.println("武岚还有" + std1wlt.getAmount() + ".");
            //System.out.println("武岚还有" + std1wlt.amount + ".");   //报错,封装的数据
                                                                      //不能直接访问

        }
    }
}
```

程序运行结果如下：

借到钱了。
武岚还有 800.0。

　　程序 3-3 中注释掉的语句尝试直接访问 amount 变量,会报错,访问权限为 private 封装
的数据只能通过类的方法访问。

3.2.8　方法的参数

很多方法有输入参数,参数包括数据类型和参数名,下面介绍方法参数的类型、传递方式和变长参数。

1. 形参与实参

在类中定义方法时,需要给出拟接收数据的参数,在被调用前参数列表中的参数值未定,这种形式化参数就是形参(parameter)。在调用方法时,需要给出对应各个形参的实际运行值,这就是实参(argument)。

程序 3-2 中 Chap3Wallet(String Name,double initamount)的 Name 和 initamount 就是形参,调用该方法的 new Chap3Wallet("武岚",1000)中的"武岚"和 1000 就是实参,调用方法时,将"武岚"和 1000 传递给 Name 和 initamount,方法内使用形参 Name 和 initamount 而不是实参"武岚"和 1000。形参在整个方法体内都可以使用,离开该方法则该参数失去意义,即形参的作用域是方法体内。

实参将赋值给形参,因此,在调用方法时,必须注意实参的个数、类型及顺序应与形参对应一致,如前面程序中的 new Chap3Wallet("武岚",1000)不能写成 new Chap3Wallet(1000,"武岚"),并且实参必须要有确定的值。

根据实际需要形参可有可无,没有形参时,圆括号不可省略,多个参数之间应用逗号","分隔。

2. 参数传递

在调用方法进行参数传值时,不同的数据类型处理方式和结果略有不同。如果方法的参数是基本数据类型,被调用方法不会改变主调方法所在程序中的变量值,参数是引用类型,被调用方法会改变主调方法所在程序中的变量值。

为了进一步考察方法参数传递的情况,先编写一个实体类 Point(见程序 3-4)。实体类 Point 表示一个具有 x、y 坐标的点实体。Point 类有 Point()和 Point(int x, int y)两个构造方法,有参数的构造方法可以在创建时根据给出的参数值进行初始化。

程序 3-4　实体类 Point

```
package chap3samp.ref;
public class Point{
    int x,y;
    public Point(){
    }

    public Point(int x, int y){
        this.x = x;
        this.y = y;
    }
}
```

编写一个传参测试类 ObjRef(见程序 3-5)。

程序 3-5 传参示例

```java
package chap3samp.ref;

public class ObjRef {
    int xx = 4, yy = 6;                          //成员变量

    //方法的参数为基本数据类型时,方法中不会改变原参数的值
    public void swapBsType(int a, int b) {       //a,b 为形参
        int tmp;
        tmp = a;
        a = b;
        b = tmp;
        System.out.println("被调用方法中: \t a = " + a + "\t b = " + b);
    }

    //方法的参数为引用数据类型时,方法中可以改变参数的值
    public void swapRefType(Point mp) {          //mp 为形参
        int tmp = mp.x;
        mp.x = mp.y;
        mp.y = tmp;
    }

    //参数为基本数据类型传值测试
    public void testbstype() {
        int a, b;
        a = 3;
        b = 5;
        System.out.println("调用方法前:\t a = " + a + "\t b = " + b);
        swapBsType(a, b);                    //a,b 为实参
        System.out.println("调用方法后:\t a = " + a + "\t b = " + b);
    }

    //参数为引用数据类型传值测试
    public void testreftype() {
        Point mypoint = new Point(5, 8);
        System.out.println("调用方法前:\t x = " + mypoint.x + "\t y = " + mypoint.y);
        swapRefType(mypoint);
        System.out.println("调用方法后:\t x = " + mypoint.x + "\t y = " + mypoint.y);
    }

    //方法的参数为引用数据类型时,方法中可以改变参数的值
    public void AddArr(int[] a) {             //a 为形参
        for (int i = 0; i < a.length; i++) {
            a[i]++;
        }
    }

    //数组传参测试,方法中可以改变数组的值
    public void testArr() {
        int[] datas = new int[] { 46, 26, 22, 68, 48, 42 };
```

```
        System.out.println("处理前：");
        for (int d : datas) {
            System.out.print(d + "\t");
        }
        System.out.println();
        AddArr(datas);                       //datas 为实参
        System.out.println("处理后：");
        for (int d : datas) {
            System.out.print(d + "\t");
        }
        System.out.println();
    }

    //成员方法操作成员变量,方法中改变了成员变量的值的原因是成员变量的作用域为整个类
    public void swapMembV(){
        int tmp;
        tmp = xx;
        xx = yy;
        yy = tmp;
        System.out.println("被调用方法中：\t xx = " + xx + "\t yy = " + yy);
    }

    //成员变量测试
    public void testMemV() {
        System.out.println("调用方法前：\t xx = " + xx + "\t yy = " + yy);
        swapMembV();
        System.out.println("调用方法后：\t xx = " + xx + "\t yy = " + yy);
    }

    //成员变量测试
    public void testMemVAsPara() {
        System.out.println("调用方法前：\t xx = " + xx + "\t yy = " + yy);
        swapBsType(xx, yy);                    //不会改变成员变量
        System.out.println("调用方法后：\t xx = " + xx + "\t yy = " + yy);
    }

    public static void main(String[] args) {
        ObjRef mytest = new ObjRef();
        System.out.println("参数为基本数据类型传值测试：");
        mytest.testbstype();
        System.out.println("参数为引用数据类型传值测试：");
        mytest.testreftype();
        System.out.println("数组测试：");
        mytest.testArr();
        System.out.println("成员变量测试：");
        mytest.testMemV();
        System.out.println("成员变量作为实参测试：");
        mytest.testMemVAsPara();
    }
}
```

ObjRef 用于对相关传参进行测试,有 xx、yy 两个整型成员变量,并且在定义的同时进行了初始化,其中:

(1) swapBsType(int a,int b)方法有 a、b 两个整型形参,接收两个整型数并进行值交换,打印交换后的结果,用于测试基本数据类型参数。

(2) swapRefType(Point mp)方法有一个 Point 型形参 mp,接收一个 Point 实例化对象并对 x、y 坐标进行交换,用于测试基于类的引用数据类型参数。

(3) testbstype()方法以整型基本数据类型调用 swapBsType()方法进行传参测试,输出交换前后的变量值,考察参数为基本类型时被调用方法对主调方法所在程序中变量值的影响。

(4) testreftype()方法先实例化一个 Point 对象,然后调用 swapRefType()方法交换 x、y 坐标,并输出处理前后的坐标值,考察参数为类引用类型时被调用方法对主调方法所在程序中变量值的影响。

(5) AddArr(int[] a)方法有一个整型数组形参 a,接收一个数组并对数组的每个元素＋1 处理,用于测试数组参数。

(6) testArr()方法初始化一个一维整型数组 datas,然后调用 AddArr()方法对数组元素＋1,输出处理前后的数组元素值,考察参数为数组时被调用方法对主调方法所在程序中变量值的影响。

(7) swapMembV()方法对两个成员变量值进行交换,用于对成员变量测试。

(8) testMemV()方法调用 swapMembV()对成员变量进行处理,考察成员方法中对成员变量处理的影响。

(9) testMemVAsPara()方法将成员变量作为实参调用 swapBsType()方法,与 testMemV()对比运行结果的差异。

程序运行结果如下:

```
参数为基本数据类型传值测试:
调用方法前:        a = 3        b = 5
被调用方法中:      a = 5        b = 3
调用方法后:        a = 3        b = 5
参数为引用数据类型传值测试:
调用方法前:        x = 5        y = 8
调用方法后:        x = 8        y = 5
数组测试:
处理前:
46   26   22   68   48   42
处理后:
47   27   23   69   49   43
成员变量测试:
调用方法前:        xx = 4        yy = 6
被调用方法中:      xx = 6        yy = 4
调用方法后:        xx = 6        yy = 4
成员变量作为实参测试:
调用方法前:        xx = 6        yy = 4
被调用方法中:      a = 4        b = 6
调用方法后:        xx = 6        yy = 4
```

从运行结果可以看到：

（1）当参数为基本数据类型时，主调方法的实参传递到被调用方法后，赋值给形参，被调用方法的处理结果只在被调用方法内部有效，跳出被调用方法返回主调方法后，主调方法所在的代码段的实参值并没有改变。

（2）当参数为引用数据类型时，主调方法的实参传递到被调用方法后，赋值给形参，被调用方法的处理结果会改变调用时传入的实参，跳出被调用方法返回主调方法后，主调方法所在的代码段的实参值发生了改变。数组不是基本数据类型，因此当形参类型是数组时，被调用方法会改变主调方法所在的代码段的数组值。程序 2-25 中 SelectSortASC()方法是能够返回一个数组的，但主调方法并没有用数组变量接收返回值，原因是 SelectSortASC()方法能够改变主调方法中的数组。

（3）swapMembV()方法直接操作成员变量，因为成员变量的作用域是整个类，所以处理后，成员变量的值发生改变。testMemVAsPara()方法中 swapBsType(xx,yy)将成员变量作为实参调用 swapBsType()方法，虽然 swapBsType()方法对形参进行值交换，但成员变量值仍未变化，因为这时成员变量 xx,yy 是作为实参传递给 swapBsType()方法的形参，在方法内对形参进行操作，这是参数为基本数据类型的情况，因此没有改变成员变量的值。

3. 变长参数

有一些方法在定义时不确定某数据类型的参数个数，例如加法求和计算时不确定会有多少个数进行求和，这时可以采用变长参数的方式进行定义，在方法中对参数以数组方式处理，如程序 3-6 所示。

程序 3-6　变长参数

```
package chap3samp;

public class Chap3VarArgs {
    int add(int... x){
        int sum = 0;
        for(int i = 0;i < x.length;i++){
            sum += x[i];
        }
        return sum;
    }

    public static void main(String[] args) {
        Chap3VarArgs mytest = new Chap3VarArgs ();
        int isum = 0;
        isum = mytest.add(1,2,3);
        System.out.println("isum = " + isum);
        //isum = mytest.add(1,2.0,3);
    }
}
```

程序运行结果如下：

```
isum = 6
```

注意，变长参数只用于同一数据类型参数个数不确定的情况，在调用时，如果参数类型不同则调用失败,例如注释掉的 isum=mytest.add(1,2.0,3)因为有浮点型实参,报语法错误,无法实现加法计算,这时需要采用下面介绍的方法重载。

3.2.9 方法重载

如果对两个数进行求和计算,这两个数可能都是整数,也可能是整数和小数,这时求和计算由于输入参数的不同情况出现了多种形态,这就是多态性中的重载。

Java 中的方法重载(overload)是在同一个类中可以定义多个同名方法,这些方法具有不同的参数列表(参数个数、参数类型、参数排列顺序)和功能定义,也就是参数不相同,方法体也不相同。通过调用方法时传递的不同参数个数和参数类型匹配来决定具体使用哪个方法。最常见的重载的例子就是类的构造方法。

一个方法重载的例子如程序 3-7 所示。

程序 3-7　方法重载

```
package chap3samp;

public class Chap3Overload {

    int add(int x, int y){
        System.out.println("调用方法: int add(int x, int y)");
        int sum = x + y;
        return sum;
    }

    int add(int x, int y, int z){
        System.out.println("调用方法: int add(int x, int y, int z)");
        int sum = x + y + z;
        return sum;
    }

    int add(int x, double y){
        System.out.println("调用方法: int add(int x, double y)");
        int sum = (int) (x + y);
        return sum;
    }

    double add(double x, double y){
        System.out.println("调用方法: double add(double x, double y)");
        double sum = x + y;
        return sum;
    }
    /*
    double add(int x, double y){
        System.out.println("调用方法: int add(int x, double y)");
        int sum = (int) (x + y);
        return sum;
    }
```

```
    */
    public static void main(String[] args) {
        Chap3Overload mytest = new Chap3Overload();
        int x = 1, y = 2, z = 3, isum = 0;
        double dx = 3.0, dy = 5.0, dsum = 0;
        isum = mytest.add(x, y);
        System.out.println(x + " + " + y + " = " + isum);
        isum = mytest.add(x, y, z);
        System.out.println(x + " + " + y + " + " + z + " = " + isum);
        isum = mytest.add(x, dy);
        System.out.println(x + " + " + dy + " = " + isum);
        dsum = mytest.add(dx, dy);
        System.out.println(dx + " + " + dy + " = " + dsum);
    }
}
```

程序运行结果如下：

调用方法：int add(int x, int y)
1 + 2 = 3
调用方法：int add(int x, int y, int z)
1 + 2 + 3 = 6
调用方法：int add(int x, double y)
1 + 5.0 = 6
调用方法：double add(double x, double y)
3.0 + 5.0 = 8.0

在类 Chap3Overload 中定义了多个 add()方法，这些 add()方法的参数个数、参数类型不同，返回类型也不同，构成了方法重载。在调用时，给出不同的参数，Java 会根据参数列表等进行匹配，选择具体调用的方法。

但如果两个方法参数相同只有返回类型不同是不能构成重载的，程序 3-7 中注释的 double add(int x, double y)方法没有构成重载，因为与前面的 int add(int x, double y)方法参数相同只有返回类型不同。

定义重载方法的基本原则是在调用方法时一定能够明确选择哪个方法，而不能产生二义性导致无法确定选择哪个方法。

3.3　继　　承

如前所述，继承得到的类为子类，被继承的类为父类，父类包括所有直接或间接被继承的类的共性属性和方法。子类继承父类的成员变量和成员方法，同时也可以修改父类的成员变量或重载父类的成员方法，并添加新的成员变量和方法。Java 中不支持多重继承，就是一个子类只能继承一个父类，不能同时继承多个父类。简单地说，继承就是对已有类加以利用，并在此基础上为其添加一些新功能的一种方式。

3.3.1　子类声明

在 Java 中使用 extends 关键字表示继承,通过在类的声明中加入 extends 子句来创建一个类的子类,其格式如下:

```
class SubClass extends SuperClass{
    SubClass(){
    super();        //默认自动调用父类的构造方法
    ...
    }
    ...
}
```

上述代码把 SubClass 声明为 SuperClass 的直接子类,如果 SuperClass 又是某个类的子类,则 SubClass 同时也是该类的(间接)子类。

如果父类为 java. lang. Object 则省略 extends Object,所有的类都是通过直接或间接地继承 java. lang. Object 得到的。

子类可以继承父类中访问权限设定为 public、protected、friendly 的成员变量和方法,但是不能继承访问权限为 private 的成员变量和方法。

虽然我们不推荐子类和父类具有同名对象,但在引用外部包或者多人合作开发一个大型系统等情况时难免会出现这种情况,当子类实例对象和父类有同名变量或者同名方法时,如果要访问子类中的变量或者方法时可以在子类中加上前缀"this."来指明,this 表示对象自身的引用值,如果访问父类的变量或者方法则加上前缀"super."来指明。

子类构造方法中第一条语句是 super(),用以说明调用的是父类的构造方法,若没有明确调用 super(),则编译程序自动插入 super(),成为第一条语句。也就是说,创建子类时先调用父类的构造方法,再执行子类的构造方法。

继承具有"是一种"的性质:子类对象是一种父类对象,如"桃树是树""学生是人"。反之则不然,父类对象不是它的子类对象,如"树是桃树""人是学生"都讲不通。因此,子类对象可以赋值给父类类型的变量,反之则不然。这是面向对象类型转换的一种多态情况。

多态的转型分为向上转型和向下转型两种。

(1) 向上转型。

当不需要面对子类特有的特征时,使用父类的功能就能完成相应的操作,这时将子类对象转换为父类对象,即向上转型。如学生的子类小学生、初中生、大学生的学习内容不同,如果以已有的初中生来讨论学生群体时用初中生这一子类实例化父类学生对象,就是向上转型对象。

使用格式:

父类类型 变量名 = new 子类类型();

(2) 向下转型。

当要使用子类特有功能时,可以使用强制类型转换的方式,将一个父类对象转换为子类对象,即向下转型。例如,将学生实例转换为子类初中生实例。

使用格式：

子类类型 变量名 = (子类类型)父类类型的变量；

向下转型的语法格式与基本数据类型的强制转换类似。

3.3.2　子类方法的重写和重载

如果子类中对父类的某个行为进行了扩展，即行为的运行方式发生了变化，和父类的行为方式不同，这时，在子类中要对父类中的方法进行重新改写以定义新的运行方式。通过改写父类的同名方法来进行扩展，这就是方法的重写(override)。

由上可知，重写是子类的方法覆盖父类的方法，重写的方法必须与父类被重写的方法具有相同的方法名称、参数列表和相同类型(或数据类型兼容)的返回值，否则不构成重写。重写是子类对父类的允许访问的方法的实现过程进行重新编写，返回值和形参都不能改变，即外壳不变，方法体代码重写。

子类中重写的方法不能比父类中被重写的方法有更严格的访问权限。

重写只针对实例方法，父类的静态方法不能被子类重写为非静态的方法，父类的实例方法不能被子类重写为静态方法。

子类重写的方法不能比父类中被重写的方法声明抛出更多的异常。

当子类的某一行为产生了新的运行方式，可以重载父类的方法，这时，同名方法在父类至少存在一个，子类可以存在多个。

一段类的继承代码如程序 3-8 所示。在代码中，子类 Cat 继承了父类 Animal，父类 Animal 中有一个整型成员变量 legNum 和 Animal()、eat()、move()3 个方法，子类 Cat 有一个整型成员变量 legNum 和 Cat()、Cat(int n)、eat()、sound()、move()、move(int a)6 个方法。

程序 3-8　类的继承

```
1.    package chap3samp.ext;
2.
3.    public class Animal {
4.        public int legNum = 4;
5.
6.        public Animal() {
7.            System.out.println("动物的构造方法.");
8.        }
9.
10.       public void eat() {
11.           System.out.println("动物吃食物.");
12.       }
13.
14.       public void move() {
15.           System.out.println("动物可以运动.");
16.       }
17.
18.       public static void main(String args[]) {
```

```
19.            System.out.println("创建一个动物实例：");
20.            Animal a = new Animal();    //Animal 对象
21.            System.out.println("创建一个三脚猫实例：");
22.            Animal c = new Cat();        //将子类 Cat 对象赋值给父类,上转类型
23.            a.move();                    //执行 Animal 的方法
24.            c.move();                    //执行 Cat 类重写的方法
25.            //c.sound();                 //上转类型不能执行子类的方法
26.            int aa = 1;
27.            //c.move(aa);                //上转类型不能执行子类的方法,这里是类重载的方法
28.            Cat cc = new Cat();          //Cat 对象
29.            System.out.println("考察 super 和 this 对变量的影响：");
30.            cc.move(aa);                 //执行重载的方法,变量为子类的变量
31.            aa = 2;
32.            cc.move(aa);                 //执行重载的方法,变量为父类的变量
33.            int b = 4;
34.            System.out.println("考察 super 引用父类构造方法对子类重载构造方法的影
响：");
35.            Cat dd = new Cat(b);   //执行重载的构造方法,会调用默认 super()执行父类的构造方法
36.        }
37.
38.    }
39.
40.    class Cat extends Animal {
41.        public int legNum = 3;
42.
43.        public Cat() {
44.            //this();              //无参构造方法不能用 this()
45.            System.out.println("三脚猫的构造方法.");
46.        }
47.
48.        public Cat(int n) {
49.            // super();            //会调用默认 super()执行父类的构造方法。注释掉没有影响
50.            System.out.println("三脚猫的第二个构造方法.");
51.        }
52.
53.        public void sound() {
54.            System.out.println("The cat says. mew mew");
55.        }
56.
57.        public void eat() {
58.            System.out.println("猫吃老鼠.");
59.        }
60.
61.        public void move() {
62.            System.out.println("猫可以跑、走和跳.");
63.        }
64.
65.        public void move(int a) {
66.        if (a == 1) {
67.                System.out.println("三脚猫可以跑" + this.legNum + "步");   //调用子类变量
68.        } else {
```

```
69.              System.out.println("三脚猫可以跑" + super.legNum + "步");  //调用父类变量
70.          }
71.      }
72. }
```

程序运行结果如下：

1.　创建一个动物实例：
2.　动物的构造方法。
3.　创建一个三脚猫实例：
4.　动物的构造方法。
5.　三脚猫的构造方法。
6.　动物可以运动。
7.　猫可以跑、走和跳。
8.　动物的构造方法。
9.　三脚猫的构造方法。
10.　考察 super 和 this 对变量的影响：
11.　三脚猫可以跑 3 步。
12.　三脚猫可以跑 4 步。
13.　考察 super 引用父类构造方法对子类重载构造方法的影响：
14.　动物的构造方法。
15.　三脚猫的构造第二个方法。

代码第 20 行调用父类 Animal 的构造方法创建一个 Animal 对象 a，构造方法 Animal()输出运行结果的第 2 行。

代码第 22 行调用子类 Cat 的构造方法创建一个 Animal 对象 c，这是上转类型引用。在创建子类这个过程中，虽然没有明确给出 super()代码，仍会先在子类的构造方法中调用父类 Animal 的构造方法，输出运行结果的第 4 行，然后再执行子类构造方法的其他语句，输出运行结果的第 5 行。

代码第 23 行运行对象 a 的 move()方法，实际运行父类 Animal 的 move()方法，输出运行结果的第 6 行。

代码第 24 行运行对象 c 的 move()方法，这个方法是重写了父类 Animal 的 move()方法，实际运行子类 Cat 的 move()方法，输出运行结果的第 7 行。

代码第 25 行试图运行对象 c 的 sound()方法，而这个方法是子类的方法，上转类型不能执行子类的方法，因此这条语句会报错。代码第 27 行也是试图调用子类方法，这个方法是子类重载了父类的方法，也是不能运行的。

代码第 28 行调用子类 Cat 的构造方法创建一个 Cat 对象 cc，同样会先执行父类的构造方法再执行子类的构造方法，输出运行结果的第 8、9 行。

代码第 30 行运行 cc 重载的方法 move(int a)，整型参数用于测试 this 和 super，给定实参值为 1，方法中引用的变量为子类 Cat 的成员变量 legNum，输出运行结果的第 11 行。

代码第 32 行运行 cc 重载的方法 move(int a)，给定实参值不为 1，方法中引用的变量为父类 Animal 的成员变量 legNum，输出运行结果的第 12 行。

代码第 35 行运行子类 Cat 的重载构造方法，与无参构造方法相同，仍然是先执行父类的构造方法再执行子类的构造方法，输出运行结果的第 14、15 行。

程序 3-8 演示了向上转型、向下转型、重写、重载等内容。

从这个例子可以看出,在分析父类和子类对象的实际拥有的变量和方法时,一个关键参考因素是实例化时对象能够获得哪些变量和方法。

3.3.3　抽象类

在现实中,往往存在这样一种情况,就是工程在设计之初,无法确定具体的执行过程,需要根据实际实施时的具体情况决定采用什么样的处理方案。例如,一个年级准备春游,一般需要购买饮料和食品,不同的班级采购的具体内容和购买的具体过程不确定,但购买饮料和食品是确定的。又如,金属工件切削加工制造的总体工艺过程是粗加工、精加工等,但在实际应用中,需要根据具体的工件特征确定切削刀具材质、切削速度等,粗加工、精加工是金属工件加工工艺的共性过程,具体工件的加工细节在实施时再确定。也就是先约定一个框架,在特定的班级采购或者金属特性的材料加工时再扩展,实现具体操作的细节。这种情况就是 Java 中的抽象类概念,即先约定共性特征,实现细节则在具体应用时再确定。

abstract 修饰类声明了一种没有具体对象的、出于组织概念的层次关系需要而存在的抽象类,Java 中定义的抽象类是它的所有子类的公共属性的集合,所以抽象类的一大优点就是充分利用公共属性来提高开发和维护程序的效率。

abstract 抽象类将不能用 new 创建对象,抽象类就相当于一类的半成品,需要子类继承并覆盖其中的抽象方法。

abstract 修饰方法声明了一种仅有方法头,而没有具体操作的方法体的抽象方法,也就是只有声明(定义)而没有实现,实现部分以";"代替,没有"{}",需要子类继承实现具体的方法体。

有抽象方法的类一定是抽象类。但是抽象类中不一定都是抽象方法,也可以全是具体方法。abstract 修饰方法的目的就是要求其子类覆盖(实现)这个方法。

父类是抽象类,其中有抽象方法,那么子类继承父类,并把父类中的所有抽象方法都实现(覆盖)了,子类才有创建对象的实例的能力,否则子类也必须是抽象类。抽象类中可以有构造方法,是子类在构造子类对象时需要调用的父类(抽象类)的构造方法。

程序 3-9 声明了一个抽象类 procurement,其中有一个抽象方法 purchase()。cls1 和 cls2 继承了抽象类 procurement,并实现了抽象方法 purchase()。

程序 3-9　抽象类

```
package chap3samp;
public class Chap3Abstract {

    public static void main(String[ ] args) {
        cls1 c1 = new cls1("一班");
        c1.purchase();
        cls2 c2 = new cls2("二班");
        c2.purchase();
    }
}

abstract class procurement {
```

```
    String clsname;
    String beverage;
    String food;

    procurement(String clsname) {
        this.clsname = clsname;
    }

    public abstract void purchase();
}

class cls1 extends procurement {

    cls1(String clsname) {
        super(clsname);
        beverage = "科大可乐、科大动饮";
        food = "科大鸡翅、科大寝室桶";
    }

    public void purchase() {
        System.out.println("我们是" + clsname);
        System.out.println("准备购买的饮料有：" + beverage);
        System.out.println("准备购买的食品有：" + food);
        System.out.println("男女生混合分组购买：第一组买饮料,第二组买食品,在校内超市购买。");
    }
}

class cls2 extends procurement {
    cls2(String clsname) {
        super(clsname);
        beverage = "无糖汽水、科大动饮";
        food = "面包、鸡翅、幸福牌蛋糕";
    }

    public void purchase() {
        System.out.println("我们是" + clsname);
        System.out.println("准备购买的饮料有：" + beverage);
        System.out.println("准备购买的食品有：" + food);
        System.out.println("按男生女生分组购买：男生买饮料,女生买食品,去校内超市、校外蛋
糕店购买。");
    }
}
```

程序运行结果如下：

我们是一班
准备购买的饮料有：科大可乐、科大动饮
准备购买的食品有：科大鸡翅、科大寝室桶
男女生混合分组购买：第一组买饮料,第二组买食品,在校内超市购买。
我们是二班
准备购买的饮料有：无糖汽水、科大动饮

准备购买的食品有：面包、鸡翅、幸福牌蛋糕

按男生女生分组购买：男生买饮料，女生买食品，去校内超市、校外蛋糕店购买。

从上可以看出，两个班级的共性特征是买饮料和食品，但不同的班级购买的内容和购买方式不同。抽象类对解决给定框架下行为个性化方面的问题具有一定的优势。

3.3.4　接口

假期陪父母去买洗衣机，父母在 A 品牌柜台前询问一款洗衣机的性能指标和功能，如"多大容量"、"能自动洗并甩干吗"和"带烘干功能吗"等，在 B 品牌柜台前问了同样的问题。洗衣机具有一定的性能指标和功能，各个厂家在制造洗衣机时要实现这些指标和功能才能被用户使用，用户购买后按这些指标和功能使用洗衣机，用户不用知道各个厂家的洗衣机是使用了什么样的控制板和电机等实现这些性能和功能。如图 3-2(a)所示，用户甲和乙分别购买了 A 洗衣机和 B 洗衣机，都具有相同的性能和功能，用户甲和乙在使用洗衣机时不需要知道自己购买的洗衣机内部如何实现这些功能。A、B 两个厂家要按参数和功能清单生产制造洗衣机，这些参数和功能清单是个通用的洗衣机协议，厂家按不同的方式实现相关功能，用户按这个协议使用洗衣机。

将计算机中的文档打印出来，可以使用 A 打印机也可以使用 B 打印机，这两个打印机在打印时使用的可能是硒鼓也可能是墨盒。在计算机连接打印机前，不知道打印机是哪个厂家的哪个型号的打印机，不知道具体的打印方式是什么。在计算机和打印机之间确定一个协议，计算机按这个协议调用打印机，而不必关心打印机内部如何实现打印，如图 3-2(b)所示。

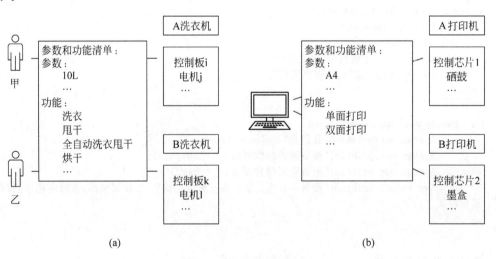

图 3-2　接口的基本概念

(a) 举例 1；(b) 举例 2

上面的例子中，可以看到，对于一些对象，如果希望能够提供相关的功能，需要按照协议实现对应的功能，使用者按这些协议调用相关功能。不同的对象实现协议中的功能的方式不同，在被调用对象中给出具体实现方式。从例子中也可以看出，洗衣机或者打印机，需要将协议中的所有性能参数和功能都实现才能提供正常的服务。这里提到的协议就是接口

（interface），是使用者与被调用对象之间的交互协议，使用者按协议调用对象相关的方法，被调用对象告诉外部按什么样的方式调用自己的功能。在软件的多人协同开发过程中，一般在各个模块开发前，先定义各个模块之间的调用接口，各个模块按接口实现相关的功能，模块外部的调用者按接口进行相关功能的调用。如果一个系统提供对外的应用服务，也要提供相关的调用接口，例如地图系统提供的各种服务 API，开发人员调用相关的接口就可以在自己的 Web 系统中使用地图。

另外一种情况，假如已经存在一个继承链 A→B→C→D→E，A 是祖先类，如果需要为 C、D 类添加某些通用的功能，最简单的方法是让 C 类再继承另外一个类。但是 Java 不支持多继承，即一个类只能有一个父类，不能同时继承多个父类，不能再让 C 继承另外一个父类了。一种做法是将这个新增的父类移动到继承链的最顶端，让 A 再继承一个父类。这时会出现一种情况，可能 C、D 类添加的功能是这两个类独有的，而对于 B、E 原本不应该具有这些功能，这时，由于 C、D 类的原因对 A 类的修改，影响了整个继承链其他的类。虽然一个类只能有一个父类，但可以实现多个接口。这样，C、D 类新增的功能可以通过接口的方式实现，而不会影响到整个继承链。

在 Java 语言中接口是一个抽象类型，是抽象方法的集合，抽象方法的具体行为在相关的类中实现。当希望一个类除了继承父类的相关行为方法外，还能够接受外部定义，可以声明接口，通过在类中实现接口定义的抽象方法来增加类的功能。

一个非抽象类如果声明实现了接口，在类中必须覆盖接口的所有抽象方法，即使不需要使用某个抽象方法，也必须实现，一般用一个方法体为空的空方法实现。

接口通常以 interface 来声明，如程序 3-10 所示定义一个打印机接口。为了简化代码，只声明了一个变量 Pagesize 和抽象方法 Print()。

程序 3-10　接口的声明

```
package chap3samp.interf;

public interface Printer {
    public static final String Pagesize = "A4";     // 全局常量
    public abstract void Print();                    // 抽象方法
}
```

方法的定义没有方法体，用分号";"结尾。

一个类通过使用关键字 implements 声明使用一个或多个接口，如果有多个接口，接口名用逗号分隔。程序 3-11 定义了激光打印机 A，实现了打印机接口的 Print()方法。

程序 3-11　打印机 A

```
package chap3samp.interf;

public class PrinterA implements Printer{
    @Override
    public void Print() {
        System.out.println("我是 A 打印机,我用硒鼓打印.");  //实现了接口 Printer 的抽象
                                                            //方法 Print()
    }
}
```

程序 3-12 定义了喷墨打印机 B,实现了打印机接口的 Print()方法。

程序 3-12　打印机 B

```
package chap3samp.interf;

public class PrinterB implements Printer{
    @Override
    public void Print() {
        System.out.println("我是 B 打印机,我用墨盒打印.");    //实现了接口 Printer 的抽象
                                                         //方法 Print()

    }
}
```

程序 3-13 是使用打印机 A 和 B 的代码,考察用户 1 和用户 2 使用的不同类型打印机的打印功能。

程序 3-13　使用打印机

```
package chap3samp.interf;

public class TestInterf {
    public static void main(String[] args) {
        PrinterA Customer1 = new PrinterA();        //用户 1 的打印机是 A 打印机
        PrinterB Customer2 = new PrinterB();        //用户 2 的打印机是 B 打印机
        Customer1.Print();                          //A 打印机硒鼓打印
        Customer2.Print();                          //B 打印机墨盒打印
    }
}
```

程序运行结果如下:

```
我是 A 打印机,我用硒鼓打印。
我是 B 打印机,我用墨盒打印。
```

这个例子中,接口 Printer 定义了一台打印机应该有的参数和功能。每台打印机都要实现打印机接口中定义的功能,不同的打印机实现打印的方法不同。

3.4　综合示例

第 2 章的学生成绩排序代码中,采用数组存储学生成绩信息,需要事先知道学生数量以定义数组的长度,不灵活,采用 List 存储学生的成绩信息可以处理任意数量的成绩记录。

考虑到学生成绩的排序可以按总分排序,也可以按某一个科目的成绩排序,排序算法可以用选择排序,也可以用冒泡排序,因此,可以把排序做成接口,具体的排序算法在继承接口的类中实现。

学生信息有很多,除了学号、姓名这些基本信息外,还有学习课程、兴趣爱好等其他信息。如果把这些信息都放在一个类中,不同的业务环节在处理时所有的信息都要传

递,而业务上可能只需要少数几个信息项目。为了解决这个问题,可以利用类的继承机制,先定义一个基础类,只包括共性信息,如学号和姓名,其他的类继承这个基础类,再添加非共享信息。

综上,需要设计一个学生基础类、一个学生成绩子类、一个接口和学生成绩排序类。

学生基础类 Chap3Std 包含 String 型变量学号 stdNo、String 型变量姓名 stdName 两个变量。学生基础类 Chap3Std 代码如程序 3-14 所示。在本例中为了简化代码,将成员变量设置为 public 权限,省略了参数的 set() 和 get() 方法。

程序 3-14 学生基础类

```java
package chap3samp.std;

public class Chap3Std{
    //学号、姓名
    public String stdNo;
    public String stdName;

    public Chap3Std() {
    }
}
```

学生成绩类继承 Chap3Std,包含 int 型变量 Java 成绩 Java、int 型变量语文成绩 Chinese、int 型变量英语成绩 Engligh 和 int 型变量总分 total,如果成绩有小数点,可以将上述分数变量数据类型改为 float 型。除了一个无参构造方法外,还有一个具有形参的构造方法,对学生成绩信息初始化。学生成绩类代码如程序 3-15 所示。

程序 3-15 学生成绩类

```java
package chap3samp.std;

public class Chap3StdScore extends Chap3Std {
    public int Java = 0;
    public int Chinese = 0;
    public int Engligh = 0;
    public int total = 0;
    public Chap3StdScore() {
    }

    public Chap3StdScore(String stdNo, String stdName, int java, int chinese, int engligh) {
        this.stdNo = stdNo;
        this.stdName = stdName;
        Java = java;
        Chinese = chinese;
        Engligh = engligh;
    }
}
```

排序接口代码如程序 3-16 所示,只有一个排序方法的声明。由于形参是引用类型,由前面方法参数的讨论可知,方法中会改变主调方法的实参,因此无须返回数据,SortScore 的返回参数类型是 void。

程序 3-16 排序接口

```
package chap3samp.std;
import java.util.List;
public interface StdSortIntface {
    public abstract void SortScore(List < Chap3StdScore > stdlist);
}
```

学生成绩排序类中实现接口的是 SortScore()抽象方法，SortStdScore()方法进行数据初始化、总分计算、调用排序方法排序和输出排序前后的记录。代码如程序 3-17 所示。

程序 3-17 学生成绩排序类

```
package chap3samp.std;

import java.util.ArrayList;
import java.util.List;

public class Chap3SortStd implements StdSortIntface{

    public void SortStdScore() {
        Chap3StdScore tmpstd = new Chap3StdScore();   //存储学生信息的临时变量
        //初始化学生成绩列表
        List < Chap3StdScore > stdList = new ArrayList < Chap3StdScore >();
        tmpstd = new Chap3StdScore("1001", "王欢欢", 93, 92, 92);  //创建第一名同学信息
        stdList.add(tmpstd);                          //将第一名同学信息添加到列表中
        tmpstd = new Chap3StdScore("1002", "李晶晶", 92, 94, 95);  //创建第二名同学信息
        stdList.add(tmpstd);                          //将第二名同学信息添加到列表中
        tmpstd = new Chap3StdScore("1003", "张文", 91, 90, 89);
        stdList.add(tmpstd);
        tmpstd = new Chap3StdScore("1004", "张涵", 90, 92, 91);
        stdList.add(tmpstd);
        tmpstd = new Chap3StdScore("1005", "田荣荣", 90, 92, 91);
        stdList.add(tmpstd);
        int n = stdList.size();                       //stdList 列表元素数,这里也是学生数

        //先计算总分,保存到 Chap3StdScore.total 中
        for (int i = 0; i < n; i++) {                 // 计算每位学生的总分
            tmpstd = stdList.get(i);
            tmpstd.total = tmpstd.Java + tmpstd.Chinese + tmpstd.Engligh;
            stdList.set(i, tmpstd);                    //将 tmpstd 更新到列表中
        }

        System.out.println("排列前的学生信息:\n 学号\t 姓名\tJava 成绩\t 语文成绩\t 英语
成绩\t 总分");
        for (int i = 0; i < n; i++) {                 //打印降序排列之前的学生信息
            tmpstd = stdList.get(i);
            System.out.println(tmpstd.stdNo + "\t" + tmpstd.stdName + "\t" + tmpstd.Java +
```

```
                          "\t" + tmpstd.Chinese + "\t" + tmpstd.Engligh + "\t" + tmpstd.total);
                }
                //降序排序
                SortScore(stdList);

                System.out.println("按总分降序排列后的学生信息:\n 学号\t 姓名\tJava 成绩\t 语文成
            绩\t 英语成绩\t 总分");
                for (int i = 0; i < n; i++) {                      //打印降序排列之后的学生信息
                    tmpstd = stdList.get(i);
                    System.out.println(tmpstd.stdNo + "\t" + tmpstd.stdName + "\t" + tmpstd.Java +
                "\t" + tmpstd.Chinese + "\t" + tmpstd.Engligh + "\t" + tmpstd.total);
                }
            }
            //实现接口方法
            public void SortScore(List < Chap3StdScore > stdlist){
                Chap3StdScore tmpstd = new Chap3StdScore();    //存储学生信息的临时变量
                int n = stdlist.size();                        //stdList 列表元素数
                for (int i = 0; i < n − 1; i++) {              //根据总分进行降序排序
                    int maxIdx = i;                            //保留高分的下标
                    for (int j = i + 1; j < n; j++) {
                        if (stdlist.get(i).total < stdlist.get(j).total) {
                            maxIdx = j;
                        }
                    }
                    //通过临时变量进行记录交换
                    tmpstd = stdlist.get(maxIdx);
                    stdlist.set(maxIdx, stdlist.get(i));
                    stdlist.set(i, tmpstd);
                }
            }

            public static void main(String[] args) {
                Chap3SortStd mysamp = new Chap3SortStd();
                mysamp.SortStdScore();
            }
        }
```

在数据初始化时,先用原始数据创建第一名学生实体对象 tmpstd,然后将 tmpstd 通过 stdList 的 add()方法将对象添加到 stdList 的尾部,再将第二名的信息添加到 stdList 的尾部,以此类推,直至全部学生信息添加到 stdList 中。

在计算总分时,先按序取出 stdList 中的元素保存在临时变量 tmpstd 中,计算出总分后,对 tmpstd.total 赋值,然后调用 stdList 的 set()方法更新对应位置的元素。

用 SortScore()排序时,索引位置是各个元素在 stdList 中的序号。交换时,通过 Chap3Std 型临时变量 tmpstd 进行记录交换,调用 stdList 的 set()方法更新两个位置的元素对象。

程序运行结果如下：

排列前的学生信息：

学号	姓名	Java 成绩	语文成绩	英语成绩	总分
1001	王欢欢	93	92	92	277
1002	李晶晶	92	94	95	281
1003	张文	91	90	89	270
1004	张涵	90	92	91	273
1005	田荣荣	90	92	91	273

按总分降序排列后的学生信息：

学号	姓名	Java 成绩	语文成绩	英语成绩	总分
1002	李晶晶	92	94	95	281
1001	王欢欢	93	92	92	277
1005	田荣荣	90	92	91	273
1004	张涵	90	92	91	273
1003	张文	91	90	89	270

从上面的程序可以看出，采用继承、接口对学生成绩排序代码重新编写后，处理能力和代码维护的方便性大大提高。

3.5 小　　结

本章全面介绍了 Java 面向对象编程相关知识，读者需要了解和掌握以下内容。

(1) 类和对象的基本概念。

(2) 类的结构、成员变量和成员方法的定义方法。

(3) 访问权限。

(4) 方法的参数传值方式。

(5) 方法重载。

(6) 子类的声明和方法重写。

(7) 接口的定义和实现。

学习了本章知识后，读者可以进一步学习一些常用类的功能及使用、文件输入/输出的处理、多线程等相关知识，本书限于篇幅不再介绍。

3.6 练 习 题

1. 什么是类的封装？有什么作用？

2. 什么是类的多态？有哪些情形？试编写代码举例说明。

3. 什么是类的继承？

4. 访问权限修饰符有哪些？作用是什么？试编写代码举例说明。

5. 什么是成员变量？什么是局部变量？变量的作用域是什么？试编写代码举例说明。

6. 什么是方法重载？试编写代码举例说明。

7. 什么是方法重写？试编写代码举例说明。

8. 什么是抽象类？试编写代码举例说明。

9. 什么是接口？

10. 试编写代码，考察 static 对成员变量和成员方法的影响。

11. 运行程序 3-8，体会和理解继承、重写、子类重载、上转类型、super 和 this 的应用。

12. 试编写父类和子类代码，考察子类对父类不同访问权限及静态变量的继承性。

13. 试编写代码，实现复数求和运算，要求能够满足两个复数数、复数数组的求和运算需求。

14. 试采用接口编写代码，分别计算立方体和圆柱体的底面周长、底面积和体积。

第 4 章

Java数据库编程

4.1 数据库概述

数据库是计算机中用于存储、处理大量数据的软件。所谓数据处理,并不是指文字的编辑或单纯的数字运算,而且还包含数据的搜索与筛选等工作。将数据利用数据库存储后,这些数据便不再是静态的数据了,可以灵活地操作这些数据,从现存的数据中分析潜在的规律等。

4.1.1 表的记录与字段

记录是数据库的构成单元,一个记录的相关数据被看作一个整体的集合。例如,学生成绩就是一个记录,它包括这个学生的姓名、学号、语文成绩、数学成绩、Java 成绩等。一个记录的每个部分称作为字段,如学生成绩的"记录"包括"姓名""学号""语文成绩""数学成绩""Java 成绩"等字段。

具有相同字段的一批记录称作一个表。每一列代表一个字段,每一行代表一个记录。实际上,列和字段、行和记录同义。

一个数据库可以包含多个表,但每个表不能同名。这些表可以相互关联,也可以彼此独立。实际上,一个数据库中还可以包括视图、存储过程等诸多对象,如果有兴趣,可以参阅有关数据库的书籍。

4.1.2 字段属性

在数据表中,由于各字段的数据所属的类别不尽相同,为适合不同的数据处理,把字段的数据所属的类别称为字段的类型属性。

字段的类型属性一般具有以下几种类型。

(1) 文本型:用于必须以文字方式表示的数据,如姓名、学号等字段。

(2) 数字型:用于可以进行数字运算的数据。根据数据的不同又可分为整型和浮点型(或实数型)。

(3) 日期/时间型:用于必须以日期或时间表示的数据。

(4) 货币型:用于必须以货币单位表示的数据。

（5）布尔型：用于必须以是/否或真/假来表示的数据。

（6）OLE 对象：用于插入其他对象，可插入的对象有图像、公式、图表、文档等。

不同的数据库系统对字段类型的划分略有不同，在实际应用时要注意相关的转换处理。

4.1.3 记录集的概念

从一个或多个表中提取的数据子集称作记录集。一个记录集也是一张表，因为它是具有相同字段的记录集合。例如，学生名单列出的学生姓名和学号就是一个记录集，它是学生的全部资料中的一个子集，学生全部资料包括课程、成绩、专业等。

查询数据库时可得到一个记录集，一个查询可以包含搜索条件，例如，查询能限定字段包含在记录集中，或者限定记录值包含在记录集中。

4.1.4 基本表和视图

数据库中的数据集合常见有基本表和视图两种。

1. 基本表

基本表是指本身独立存在的物理表，即实际存储在数据库中的表，而不是从其他表导出来的记录集合。基本表可以有若干索引。

2. 视图

数据库系统中的基本表包含多个用户共享的数据，某一个具体应用可能只使用其中一部分数据，基本表的格式也可能并不直接满足用户要求。当需要处理的数据集合来自多张基本表时，为了处理方便，把从多张表抽取数据集合的逻辑定义下来，这样每次要使用这个数据集合时不是从每张表分别读取，而是通过这个数据抽取逻辑读取，这就是视图。视图是指从一个或几个基本表或其他视图导出来的表。视图本身并不独立存储数据，系统只保存视图的定义。访问视图时，系统将按照视图的定义从基本表中存取数据。由此可见，视图是个虚表，它动态地反映基本表中的当前数据，这与数据的静态复制不同。对于数据使用者，基本表和视图都是关系，都可以通过 SQL 访问。

建立视图有简化查询命令、限制某些用户的查询范围两个作用：第一个作用是由于在定义视图时已经对数据做了一定范围的限定；第二个作用是通过对用户授权体现出来的。未经授权的用户不能访问任何基本表或视图，在基本表上建立局部视图之后再将视图授权给用户，就可以避免暴露全部基本表。

4.2 SQL

4.2.1 SQL 简介

结构化查询语言（structured query language，SQL），包括查询、定义、操纵和控制四个部分，是一种功能齐全的数据库语言。由于 SQL 具有语言简洁、方便实用、功能齐全等突出优点,因此很快得到推广和应用,目前,各种数据库管理系统几乎都支持 SQL,或者提供 SQL 的接口。不同数据库系统所提供的 SQL 语句功能有所不同,在应用时需要注意兼容性。

SQL 有两种使用方法:一种是以与用户交互的方式联机使用;另一种是作为子语言嵌入其他程序设计语言中使用。前者称为交互式 SQL,适合非计算机专业人员,即最终用户直接定制查询。后者称为宿主型 SQL,适合于程序设计人员用高级语言编写应用程序与数据库操作时,嵌入程序中使用。

SQL 除了具有查询功能之外,还包括数据定义、数据操纵和数据控制功能。数据定义是指对关系模式一级的定义。数据操纵是指对关系中的具体数据进行增加、删除和更新等操作。数据控制是指对数据访问权限的授予或撤销。

SQL 命令可以大写也可以小写,习惯用大写,在程序代码中一般用小写。

限于篇幅,本书只介绍主要 SQL 命令,其他的 SQL 命令读者可参阅相关书籍。

4.2.2　SQL 数据定义

SQL 数据定义主要是指对数据库对象的定义、创建等操作,如创建数据库、基本表、视图和索引等。

1. 定义数据库

用 SQL 命令可以定义数据库。其语法格式为:

```
CREATE DATABASE 数据库名
```

例如,创建一个名为 javawebdb 的数据库的 SQL 语句为:

```
CREATE DATABASE javawebdb
```

如果要删除一个废弃的数据库,删除 SQL 语句为:

```
DROP database 数据库名
```

2. 定义基本表

用 SQL 可以定义、扩充和取消基本表。定义一个基本表相当于建立一个新的关系模式,但尚未输入数据,只是一个空关系框架。

定义基本表就是创建一个基本表,对表名(关系名称)及它所包括的各个属性名及其数据类型做出具体规定。

创建一个学生信息表 studentinfo,字段有学号 stdNo、姓名 stdName、年龄 stdAge、专业 stdMajor、家乡 stdHometown,创建 studentinfo 表的 SQL 语句如下:

```
CREATE TABLE studentinfo(stdNo varchar(10) NOT NULL,
                stdName varchar(20),
                stdAge int(11),
                stdMajor varchar(255),
                stdHometown varchar(255),
                PRIMARY KEY ('stdNo')
                );
```

其中，PRIMARY KEY（'stdNo'）将学号 stdNo 作为主键。

删除数据表的命令格式为：

```
DROP TABLE 表名
```

例如，删除上面建立的表 studentinfo 的 SQL 语句为：

```
DROP TABLE studentinfo;
```

一般在删除表时，要先处理表中的数据，确定不需要继续保留表中的所有数据后再删除表。

3. 定义视图

定义视图语法格式如下：

```
CREATE VIEW <视图名> AS < SELECT 语句>
```

例如，从学生信息表抽取襄阳老乡的名单，可以创建一个襄阳同乡的视图 fellowfromxiangyang，SQL 语句如下：

```
CREATE VIEW fellowfromxiangyang
AS
SELECT stdNo, stdName, stdAge, stdMajor, stdHometown
FROM studentinfo
WHERE stdHometown = '襄阳'
WITH CHECK OPTION;
```

其中，WITH CHECK OPTION 是可选择的，当要求通过其他视图在此视图 fellowfromxiangyang 中更新或插入元组（表中的每行，即数据库表中的每条记录）时选用，检查元组是否满足该视图 fellowfromxiangyang 的相关定义条件。

删除视图的命令格式为：

```
DROP VIEW 视图名
```

例如，删除上面的视图 fellowfromxiangyang 的 SQL 语句为：

```
DROP VIEW fellowfromxiangyang;
```

4. 索引的建立

为了提高数据的检索效率，可以根据实际应用情况为一个基本表建立若干索引。

例如，为基本表 studentinfo 建立一个按姓名升序的索引，名为 stdnameidx。

```
CREATE INDEX stdnameidx
ON studentinfo(stdName ASC);
```

建立索引后，可以通过 SHOW INDEX FROM 查看表中的索引，如：

```
SHOW INDEX FROM studentinfo
```

有时候索引太多，会影响增加、删除、修改、查询的性能，也可以删除不必要的索引，命令如下：

```
DROP INDEX 索引名 ON 表名;
```

如果要删除前面建立的索引,SQL 语句如下:

```
DROP INDEX stdnameidx ON studentinfo;
```

4.2.3　SQL 数据操作

以上 SQL 的数据定义功能是对数据库中各类对象进行创建,并未涉及数据库中的实际数据,例如刚建好的表是空的,没有记录,数据操纵是指对关系中的具体数据进行增加、删除、修改操作。

1. 插入数据

插入数据是指向表中添加数据记录,语法格式如下:

```
INSERT INTO 表名称 VALUES (值 1, 值 2,…)
```

向基本表中插入数据的命令有两种方式:一种是向具体元组插入常量数据;另一种是把从其他若干表查询的记录添加到表中。前者进行单元组(一行)插入,后者一次可插入多个元组。新增元组各个列(属性)的值必须符合数据类型定义。增加一个完整元组,并且属性顺序与字段定义一致,可在基本表名称后面省略属性名称。

例如,基本表 studentinfo 所定义的关系模式结构为:studentinfo(stdNo, stdName, stdAge, stdMajor, stdHometown),向学生信息基本表中 studentinfo 新加一个元组的 SQL 语句为:

```
INSERT INTO studentinfo VALUES('2017001','张琴',18,'物流工程','襄阳');
```

SQL 语句中,字符型属性值要加单引号,stdAge 是整型,因此没有加单引号。

创建一个学生成绩表 studentscore,字段有学号 stdNo、姓名 stdName、语文成绩 Chinese、数学成绩 Math、英语成绩 English,现在要建立一个襄阳籍学生的数学成绩统计基本表,名称为 mathscorexy,每隔一段时间,向此基本表中追加一次数据。这是把若干表中的数据按条件提取保存到另外一个表中,这种情况就是把从子查询的结果添加到另一个关系中。

创建 mathscorexy 表的 SQL 如下:

```
CREATE TABLE mathscorexy(stdNo varchar(10) NOT NULL,
                stdName varchar(8),
                Math float,
                stdHometown varchar(128));
```

从 studentinfo 和 studentscore 两个表提取数据添加到 mathscorexy 表中的 SQL 语句如下:

```
INSERT INTO mathscorexy(stdNo,stdName,Math, stdHometown)
     SELECT studentinfo.stdNo,studentinfo.stdName,Math, stdHometown
     FROM studentinfo,studentscore
     WHERE studentinfo.stdNo = studentscore.stdNo AND stdHometown = '襄阳';
```

因为 stdNo 和 stdName 在两个表中均存在,因此需要指明查询结果集中的这两个字段数据从哪个表提取,与 Java 类的属性类似,也用点号表明隶属关系,这里是 studentinfo. stdNo 和 studentinfo. stdName。要提取的数据来自两张表 studentinfo 和 studentscore,用逗号分隔,因此 FROM 子句是"FROM studentinfo, studentscore"。两个表中的记录是由 stdNo 进行关联的,同时要提取襄阳籍的学生,因此查询条件子句是"WHERE studentinfo. stdNo＝studentscore. stdNo AND stdHometown＝'襄阳'",关于查询后面会详细介绍。

2. 更新数据

更新数据就是修改数据,在更新命令中可以用 where 子句限定条件,对满足条件的元组予以更新。若不写条件,则对所有元组更新。其语法格式为:

UPDATE 表名 SET 列名 = 新值[,列名 2 = 新值 2] WHERE 列名 = 某值

例如,将学号为 2017005 的王海同学的籍贯修改为黑龙江的 SQL 语句如下:

```
UPDATE studentinfo
SET stdHometown = '黑龙江'
WHERE stdNo = '2017005';
```

在修改更新数据时应当特别注意保持数据的一致性,如果更改的数据在其他表中也存在,则要根据需要进行更改,否则会出现数据不一致的情况。

3. 删除数据

当数据表中存在废弃数据需要进行删除操作时,删除单位是元组,而不是元组的一部分。一次可以删除一个或几个元组,或者将整个表删成空表,只保留表的结构定义。删除数据时也要注意保持数据的一致性。删除数据记录的命令格式为:

DELETE FROM 表名称 WHERE 列名称 = 值

一般删除时都要有条件子句,否则整个表的数据都会被删除,所以在实际应用中要慎重。

注意,原则上来说,数据库的数据一般是不删除的,因为即使目前不使用的数据也要保留历史档案,所以在使用删除数据操作时需要谨慎。对于不使用的数据可以采用增加数据激活状态的字段来处理,根据这个字段的值判断当前数据是否有效。

4.2.4 SQL 查询

SQL 的主要功能之一是数据库查询,使用查询来取得满足特定条件的信息。当执行一个 SQL 查询时,通过使用包括逻辑运算符的查询条件,可以得到一个记录列表,查询结果可以来自一个或多个表。

SQL 的查询语句基本形式是 SELECT－FROM－WHERE 查询块,多个查询块可以逐层嵌套执行。SQL 的查询是高度非过程化的,用户只需明确提出"要干什么",而不需要指出"怎么去干",系统将自动对查询过程进行优化。

用户要向系统讲清楚"要干什么",需要以规定的查询格式表示出来。SQL 基本查询的语法结构为:

SELECT <表达式 1>,<表达式 2>,…,<表达式 N>

```
FROM <关系 1>,<关系 2>,…,<关系 M>
WHERE <条件表达式>;
```

其中,SELECT 子句中用逗号分开的表达式为查询目标,最常用也最简单的是用逗号分开的字段名,即二维表中的列。

FROM 子句指出上述查询目标及下面 WHERE 子句的条件中所涉及的所有关系的关系名,可以是表名或者视图名等。

WHERE 子句指出查询目标必须满足的条件,系统根据条件进行数据检索,输出符合条件的元组集合。查询语句一般用分号结束。

在条件表达式中除了常用的比较运算符以外,可用的逻辑运算符和谓词有:

- AND(逻辑与)。
- OR(逻辑或)。
- NOT(逻辑非)。
- IN(包含)。
- NOT IN(不包含)。
- UNION(集合的并)。
- INTERSECT(集合的交)。
- EXISTS(存在)。
- MINUS(集合的差)。

1. 简单查询

简单查询 SQL 语句举例如下。

(1) 假设有一个名为 email_table 的表,包含名字和 email 地址两个字段,要得到张琴的 email 地址,可以使用下面的查询:

```
SELECT email FROM email_table WHERE name = '张琴'
```

当这个查询执行时,就从名为 email_table 的表中读取张琴的 email 地址。这个简单的语句包括 3 部分:SELECT 语句的第 1 部分指明要选取的列,在此例中,只有 email 列被选取;SELECT 语句的第 2 部分指明要从哪个(些)表中查询数据,在此例中,要查询的表名为 email_table;SELECT 语句的第 3 部分——WHERE 子句指明要选择满足什么条件的记录,在此例中,查询条件为只有 name 列的值为张琴的记录才被选取,当执行时,只显示 email_table 中张琴的 email 值 qinzhang@ustb. edu. cn。

张琴很有可能拥有不止一个 email 地址,如果表中包含张琴的多个 email 地址,用上述的 SELECT 语句可以读取她所有的 email 地址,SELECT 语句从表中取出所有 name 字段值为张琴的记录的 email 字段的值,查询结果集可能有多条记录,如果张琴的 email 地址没有保存在 email_table 中,结果集为空,一条记录也没有。

(2) 从学生成绩表 studentscore 中查询数学成绩大于 80 分和英语成绩大于 85 分的同学成绩列表,列表中要求有学号 stdNo、姓名 stdName、数学成绩 Math、英语成绩 English,SQL 语句如下:

```
SELECT stdNo, stdName,Math,English FROM studentscore WHERE Math > 80 and English > 85;
```

（3）从学生信息表 studentinfo 中查询姓王的同学名单，SQL 语句如下：

```
SELECT * FROM studentinfo WHERE stdName like '王%';
```

语句中 like 表示字符串比较，%代表任意的字符串。

2. 多表关联查询

以上简单查询只涉及一个关系，如果查询目标涉及两个或几个关系，往往要进行关联查询实现多表查询，多表关联查询也是数据查询中使用比较多的一种查询方式。

多表关联查询时，需要在 FROM 子句中指出关系名称，多个表用逗号分隔。如果 FROM 子句中的几个关系存在相同字段名时，也就是某个字段在查询的几张表中均存在时，需要明确指明字段来自哪个表，用点号表明隶属关系。关联查询时一般会通过外键进行关系连接，在 WHERE 子句中要写明关联查询条件。

如果要查询学生成绩综合列表，包括学号、姓名、年龄、家乡、语文成绩、数学成绩、英语成绩等几列。因学号、姓名在两张表中均存在，因此需要以"表名. 字段名"的格式表明查询结果集中的数据从哪个表提取，本例中从 studentinfo 提取数据，为 studentinfo. stdNo 和 studentinfo. stdName。查询的数据来自两张表 studentinfo 和 studentscore，因此 FROM 子句为"FROM studentinfo, studentscore"。两张表记录的关联关系是学号，查询条件子句是"WHERE studentinfo. stdNo＝studentscore. stdNo"，因此查询 SQL 语句如下：

```
SELECT studentinfo.stdNo, studentinfo.stdName,stdAge, stdHometown,Chinese,Math,English
FROM studentinfo, studentscore
WHERE studentinfo.stdNo = studentscore.stdNo;
```

关联查询经常需要使用关键字 DISTINCT、ORDER BY 等对结果集进行过滤或者排序，读者可以参考相关书籍，本书不再赘述。

3. 嵌套查询

嵌套查询是指在 SELECT—FROM—WHERE 查询块内部再嵌入另一个查询块（称为子查询），并允许多层嵌套。有一些 SQL 命令是对最终查询结果的处理，例如 ORDER 子句表示对最终查询结果集提出顺序要求，因此不能出现在子查询中。

查询数学成绩在 90 分以上的学生姓名和家乡的嵌套查询 SQL 语句如下：

```
SELECT stdName, stdHometown
FROM studentinfo
WHERE stdNo IN
    (SELECT stdNo
    FROM studentscore
    WHERE Math>90);
```

在执行嵌套查询时，每一个内层子查询是在上一级外层处理之前完成的，即外层用到内层的查询结果。从形式上看是自内向外进行处理的。

4. 使用库函数查询

SQL 提供了常用的统计函数，也称为库函数，这些库函数使检索功能进一步增强。它们的自变量是表达式的值，是按列计算的，最简单的表达式就是字段。

SQL 的库函数有：

计数函数 COUNT()：计算元组的个数，也就是计算行数；

求和函数 SUM()：对某一列的值求和（属性必须是数值类型）；

计算平均 AVG()：对某一列的值计算平均值（属性必须是数值类型）；

求最大值 MAX()：找出一列值中的最大值；

求最小值 MIN()：找出一列值中的最小值。

例如，求各科平均成绩的 SQL 语句如下：

```
SELECT AVG(Chinese) as ChineseAvg, AVG(Math) as MathAvg, AVG(English) as EnglishAvg FROM studentscore;
```

其中，as 是为结果集中的列命名。

5. 集合运算

关系是元组的集合，可以进行传统的集合运算。集合运算包括并、差、交，求一个 SELECT 子查询的结果与另一个 SELECT 子查询结果的并、差、交。集合运算是以整个元组为单位的运算，因此，这些子查询目标的结构与类型必须互相匹配，集合运算结果将去掉重复元组。

注意，不同的数据库对逻辑运算符的支持略有差别，可能会以其他的方式实现同样的功能，在实际应用时结合具体数据库进行处理。

4.3　JDBC 访问数据库

4.3.1　JDBC 简介

Java 数据库连接（Java DataBase Connectivity，JDBC）是用于执行 SQL 语句的 Java API（Java 应用程序接口），由一组用 Java 语言编写的类与接口组成，可以为多种关系数据库提供统一访问。JDBC 是一种规范，各数据库厂商为 Java 程序提供标准的数据库访问类和接口，使 Java 应用程序的开发独立于数据库。通过 JDBC 驱动程序可以屏蔽不同数据库之间的差异，应用程序可以不必考虑具体的数据库和操作系统，而采用统一的应用程序接口访问数据库。

4.3.2　导入数据库 JDBC 驱动 jar 包

每种数据库都有专门的驱动程序，用于连接相应的数据库，该驱动程序一般由数据库厂商或第三方软件商提供。在使用 JDBC 连接数据库前，需要先将驱动程序加入工程中。采用前面介绍的方法，创建一个工程 chap4，创建好后，在左侧导航窗口中的 chap4 上右击，在弹出的快捷菜单中选择 New→Folder 命令，如图 4-1 所示。

在弹出的对话框中，默认选中 chap4，在下面的 Folder name 文本框中输入 lib，如图 4-2 所示。单击 Finish 按钮完成文件夹的创建。

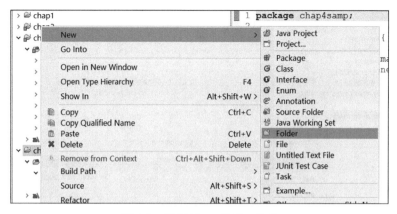

图 4-1　选择 New→Folder 命令

图 4-2　创建 lib 目录

将下载的数据库驱动 jar 包,例如本书选用 MySQL 版本对应的数据库驱动是 mysql-connector-java-5.1.18.jar,复制到 lib 文件夹中,如图 4-3 所示。

图 4-3　添加数据库驱动 jar 包

右击该包,在弹出的快捷菜单中选择 Build Path→Add to Build Path 命令,将 jar 包导入工程中,如图 4-4 所示。

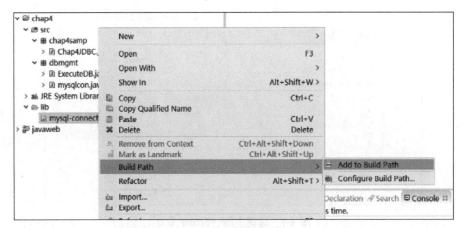

图 4-4　导入数据库驱动 jar 包

导入数据库驱动 jar 包后,就可以进行数据库编程了。

4.3.3　JDBC 访问数据库的基本步骤

JDBC 访问数据库应用程序一般有以下步骤。

1. 加载驱动程序

要通过 JDBC 连接数据库,首先使用 Class 的 forName()方法加载 JDBC 驱动程序:

```
String DBDRIVER = "com.mysql.jdbc.Driver";
Class.forName(DBDRIVER);
```

注意,DBDRIVER 的书写要与数据库驱动厂商给出的名称一致,否则找不到驱动,DBDRIVER 实际上是 Driver 这个类在驱动 jar 包中的位置。

上面的代码加载了 MySQL 数据库的驱动程序,加载了数据库驱动程序后,就为连接数据库做好了准备。

2. 建立连接

为了能够访问数据库中的数据,必须要与数据库建立连接。一般在建立连接过程中,要指明要访问的数据库的名称、用户名和访问密码等信息。

与数据库建立连接的标准方法是 Drivermanger. getConnection(String url, String user, String password),Drivermanger 类用于处理驱动程序的调入、建立数据库连接等。在 JDBC 应用程序中,访问数据库采用 URL 的方式进行数据库定位,如:

```
String url = "jdbc:mysql://127.0.0.1:3306/javawebdb?useUnicode = true&characterEncoding = UTF - 8";
String dbuser = "root";
String dbpassword = "root";
Connection conn = DriverManager.getConnection(url, dbuser, dbpassword);
```

在上面的语句中,url 指明要连接的数据库为本机 MySQL 数据库系统中的 javawebdb 数据库,该数据库中包含本书使用的相关数据表。127.0.0.1 指明数据库的网络地址,这里是本机,如果连接网络上其他服务器上的数据库,要用数据库所在服务器的 IP 替换 127.0.0.1。

3306 是 MySQL 数据库默认的端口,如果用户修改了端口,在 url 中也要修改保持一致。问号后面的部分是相关的连接字符集等参数,对于初学者可不追究相关参数的含义,有关数据库连接 url 参数在此不再详述,读者可参阅相关数据库资料。url 的格式要与数据库驱动厂商给出的约定一致,否则 JDBC 无法正确连接数据库,尤其是有的数据库厂家在不同的版本中 url 的写法也不同,在实际使用时需要注意。

3. 创建数据库操作对象

与数据库建立连接后,需要使用 JDBC Statement 数据库操作对象来执行相关的数据库操作,即执行 SQL 语句。创建数据库声明的方法如下:

```
Statement stmt = conn.createStatement();
```

4. 生成 SQL 语句

根据业务处理需要,生成需要执行的 SQL 语句。

5. 执行 SQL 语句

上面的操作已经为执行 SQL 语句做好了准备,应用程序可以向数据库发送 SQL 语句,常用的方法如下。

- 查询:executeQuery(sql);
- 增加、删除和修改:executeUpdate(sql);

6. 处理结果集

executeUpdate(sql)语句返回执行状态信息,可以根据 SQL 语句中使用的命令进行对应处理。

executeQuery(sql) 返回查询到的记录,通常存放在一个 ResultSet 类的对象中,ResultSet 可以看作一个表,这个表包含由 SQL 返回的列名和相应的值,ResultSet 对象中含有一个指向当前行的指针,通过一系列的 getXXX()方法(getString()、getInt()等),可以检索当前行的各个列,取得相关数据。一般获取查询结果数据的代码格式如下:

```
while(resultSet.next()){
    //类型和数据库中表字段的类型属性一样,参数为字段名
    String stdNo = resultSet.getString ("stdNo");
    …//相关数据处理代码
}
```

大多情况是将数据取出放入一个自定义数据结构链表中,便于其他代码使用,同时也可以关闭 ResultSet 对象。

7. 关闭所有数据库资源

数据库访问结束后,要关闭所有数据库资源,否则会产生占用资源导致数据库资源紧张,影响到其他程序访问数据库。

需要关闭的对象有数据库连接 Connection、Statement 和 ResultSet。

上述过程的示例如程序 4-1 所示。

程序 4-1　JDBC 连接数据库基本步骤

```
package chap4samp;

import java.sql.Connection;
```

```java
import java.sql.DriverManager;
import java.sql.ResultSet;
import java.sql.SQLException;
import java.sql.Statement;

public class Chap4JDBC {
    public void testJDBC() {
        Connection dbConn = null;
        Statement stmt = null;
        ResultSet rs = null;
        try {
            //1.加载驱动程序
            String DBDRIVER = "com.mysql.jdbc.Driver";       // MySql
            Class.forName(DBDRIVER);
            //2.建立连接
            String url = "jdbc:MySql://127.0.0.1:3306/javawebdb?useUnicode = true&character -
Encoding = UTF - 8&zeroDateTimeBehavior = convertToNull&useSSL = false";//此条语句在一行,无空格
            String userName = "root";
            String password = "root";
            dbConn = DriverManager.getConnection(url, userName, password);
            //3.创建数据库操作对象
            stmt = dbConn.createStatement();
            //4.生成 SQL 语句,在本例中,为了展示 JDBC 数据库连接和操作,需要用到创建数据
            //表、添加记录、查询记录等几条 SQL 语句
            String createtablesql = "create table studentinfo(stdNo varchar(10) not null,
stdName varchar(20), stdAge int(11), stdMajor varchar(255), stdHometown varchar(255),PRIMARY
KEY('stdNo'))";
            //创建表 SQL 语句
            String insertsql = "insert into studentinfo values('2017001','张琴',18,'物流工程','襄阳')";
            //添加记录 SQL 语句
            String querysql = "select * from studentinfo";         //查询记录 SQL 语句
            //String deletetablesql = "DROP TABLE studentinfo";    //删除表 SQL 语句

            //5.执行 SQL 语句
            stmt.executeUpdate(createtablesql);         //创建表
            stmt.executeUpdate(insertsql);              //添加记录,多次运行会提示记录已存在
            rs = stmt.executeQuery(querysql);           //查询记录
            //6.处理结果集
            while (rs.next()) {
                String stdNo = rs.getString("stdNo");
                String stdName = rs.getString("stdName");
                int stdAge = rs.getInt("stdAge");
                String stdHometown = rs.getString("stdHometown");
                System.out.println("学号:" + stdNo + ", 姓名:" + stdName + ", 年龄:" +
stdAge + ", 生源地:" + stdHometown);
            }
            //stmt.executeUpdate(deletetablesql);                //删除表
        } catch (Exception e) {
            e.printStackTrace();
        } finally {
            //7.关闭所有数据库资源
```

```
            if (rs != null) {
                try {
                    rs.close();
                } catch (SQLException e) {
                    e.printStackTrace();
                }
            }
            if (stmt != null) {
                try {
                    stmt.close();
                } catch (SQLException e) {
                    e.printStackTrace();
                }
            }
            if (dbConn != null) {
                try {
                    dbConn.close();
                } catch (SQLException e) {
                    e.printStackTrace();
                }
            }
        }
    }

    public static void main(String[] args) {
        Chap4JDBC mytest = new Chap4JDBC();
        mytest.testJDBC();
    }
}
```

程序运行结果如下：

学号：2017001, 姓名：张琴, 年龄：18, 生源地：襄阳

如果多次运行本程序，会提示数据表已经存在，则可以注释掉创建表的语句：

```
String createtablesql = "create table studentinfo(stdNo varchar(10) not null,stdName varchar
(20),stdAge int(11),stdMajor varchar(255), stdHometown varchar(255),PRIMARY KEY('stdNo'))";
```

和

```
stmt.executeUpdate(createtablesql);
```

代码中注释掉的语句

```
String deletetablesql = "DROP TABLE studentinfo";
```

和

```
stmt.executeUpdate(deletetablesql);
```

是删除表的操作，在反复练习的过程中，根据需要与创建表组合切换注释后运行。

4.3.4　数据库连接封装

前面的数据库访问模式有一些缺点,各个部分耦合太紧密,如数据库连接、运行 SQL 语句都在一个程序中,不便于程序调用。改进的思路是将各个功能分离,放在不同的类中,各个类的功能尽可能减少耦合,以减少程序代码的改动对相关部分的影响。

为此,创建一个基础类 Mysqlcon,将与数据库连接相关的功能放在这个类中,如程序 4-2 所示。基础类 Mysqlcon 包括数据库连接的相关信息,如用户名、密码、数据库驱动、数据库 URL 等,这样数据库连接的相关信息变化只对 Mysqlcon 这个类的代码有影响,其他类代码不变。

程序 4-2　JDBC 数据库连接类 Mysqlcon

```java
package dbmgmt;

import java.sql.Connection;
import java.sql.DriverManager;
import java.sql.ResultSet;
import java.sql.SQLException;
import java.sql.Statement;

public class Mysqlcon {
    String dbuserName = "root";                 //数据库用户名
    String dbuserPassword = "root";             //数据库密码
    String DBDRIVER = "com.mysql.jdbc.Driver";  //使用 MySQL 数据库

    //数据库的 URL,包括连接数据库所使用的编码格式
    String DBURL = "jdbc:mysql://localhost:3306/javawebdb?useUnicode = true&characterEncoding =
UTF - 8";

    public Connection dbConn;                   //数据库连接对象
    Statement stmt;                             //Statement 对象用来执行 SQL 语句
    String errMsg;                              //保存错误消息

    public Mysqlcon() {
        //初始化操作
        errMsg = "";
        dbConn = null;
        stmt = null;
        ConnDb();
    }

    //连接数据库
    public Connection ConnDb() {
        try {
            //加载所用的数据库驱动
            Class.forName(DBDRIVER);
            //获得数据库的连接对象
            dbConn = DriverManager.getConnection(DBURL, dbuserName, dbuserPassword);
```

```
        stmt = dbConn.createStatement(ResultSet.TYPE_SCROLL_INSENSITIVE, ResultSet.
CONCUR_READ_ONLY);  //第一个参数不能选默认值,否则不能调用 last()、first()等函数
        } catch (Exception e) {
            dbConn = null;
            e.printStackTrace();
        }
        return dbConn;
    }

    //关闭数据库对象
    public void closedbobj() throws SQLException {
        if (dbConn != null) {
            dbConn.close();
        }
        if (stmt != null) {
            stmt.close();
        }
    }
}
```

其中,ResultSet.TYPE_SCROLL_INSENSITIVE 表示结果集的游标可以上下移动,当数据库变化时,当前结果集不变。ResultSet.CONCUR_READ_ONLY 表示不能用结果集更新数据库中的表。

创建一个 Mysqlcon 子类 OpDB,将执行 SQL 语句的功能放在这个子类中,如程序 4-3 所示。构造方法 OpDB()调用父类方法与数据库建立连接 dbConn 并创建 stmt 对象。updateSql(String strSql)方法执行插入、更新和删除的 SQL 语句,返回 SQL 语句作用的行数。exeQuery(String strSql)方法执行查询 SQL 语句,返回结果集 ResultSet。因这个类中的方法需要将数据库操作的结果返回到上层调用方法,在结果处理前是不能关闭数据库对象的,所以,提供了一个数据库对象关闭的方法 closedbobj()。OpDB 只负责与数据库交互执行 SQL 语句,不负责 SQL 语句的生成,SQL 语句由其他类生成。

程序 4-3　JDBC 数据库访问类 OpDB

```
package dbmgmt;

import java.sql.ResultSet;
import java.sql.SQLException;

public class OpDB extends Mysqlcon {
    private ResultSet rs;                        //ResultSet 对象用于执行 SQL 语句并获取查询结果

    //构造函数
    public OpDB() {
        //初始化
        rs = null;
    }

    //执行插入、更新和删除的 SQL 语句
    public int updateSql(String strSql) throws Exception {
```

```
        int affectedrows = 0;
        try {
            affectedrows = stmt.executeUpdate(strSql);      //返回值是 SQL 语句影响的行数
        } catch (Exception e) {
            e.printStackTrace();
            throw (e);
        }

        return affectedrows;
    }
//执行查询 SQL 语句
public ResultSet exeQuery(String strSql) {
    try {
        rs = stmt.executeQuery(strSql);              //rs 是查询结果集
    } catch (Exception e) {
        e.printStackTrace();
        errMsg = errMsg + "<br>" + e.toString();
        rs = null;
    }
    return rs;
}

//关闭相关对象
public void closedbobj() throws SQLException {
    //关闭结果集
    if (rs != null) {
        rs.close();
    }

    //调用父类方法关闭数据库对象
    super.closedbobj();
    }
}
```

4.3.5　Model 和 Dao

在程序 4-1 中,除了数据库连接部分,SQL 语句的生成和执行也是耦合在一起的,这种处理不便于程序的维护和使用。执行 SQL 语句的功能已经定义到 OpDB 中,下面讨论 SQL 语句的生成。

在数据库数据存取时,可以采用面向对象方法中实体类 Model 的处理,将数据表等对象映射到一个实体类,Model 与数据库中的表字段一一对应,这个实体类包含相关字段对应的属性及 set()和 get()方法。这样数据结果集就变成了实体类对象的列表,同时,当程序需要进行数据库交互时可以通过实体类来传递数据。

与数据库打交互时,如果为每一个场景都去写一些 SQL 语句,会很麻烦和冗余,为了让代码清晰、干净、整洁,就需要对生成 SQL 语句相关的处理进行封装,使和数据库的交互看起来像和一个能访问到数据的对象打交互,这个对象通常就是数据存取对象(data access object，Dao），Dao 层称为数据访问层。在 Dao 中根据相关信息和处理规则生成对数据表中的数据进行增加、删除、修改和查询操作的 SQL 语句，再将 SQL 语句交给数据库操作层与数据库交互，这样，业务信息处理层可以不用处理数据库的交互，只需要将相关的数据通过实体类对象传递给 Dao 的相应处理方法，由 Dao 生成 SQL 语句，调用数据库操作层的相关方法完成数据库的访问。这样，Dao 负责根据业务数据生成 SQL 语句，交给数据库操作层的 OpDB 执行，业务层处理数据，不处理数据库的交互，实现了业务层和数据库的分离。

对前面的学生信息设计实体类 Student 代码如程序 4-4 所示。Student 类的成员变量对应学生信息表的学号 stdNo、姓名 stdName、年龄 stdAge、专业 stdMajor、家乡 stdHometown 字段，以及各个字段的 set() 和 get() 方法。一般实体类会进行序列化存储操作，所以实现了 Serializable 接口，对于初学者，先仿照示例代码编写，后续再深入研究。

程序 4-4 学生实体类 Student

```java
package model;

import java.io.Serializable;

public class Student implements Serializable{

    private static final long serialVersionUID = 1L;
    private String stdNo;
    private String stdName;
    private int stdAge;
    private String stdMajor;
    private String stdHometown;

    public Student() {
        super();
    }

    public Student (String stdNo, String stdName, int stdAge, String stdMajor, String
stdHometown) {
        super();
        this.stdNo = stdNo;
        this.stdName = stdName;
        this.stdAge = stdAge;
        this.stdMajor = stdMajor;
        this.stdHometown = stdHometown;
    }

    public String getStdNo() {
        return stdNo;
    }

    public void setStdNo(String stdNo) {
        this.stdNo = stdNo;
    }

    public String getStdName() {
```

```
        return stdName;
    }

    public void setStdName(String stdName) {
        this.stdName = stdName;
    }

    public int getStdAge() {
        return stdAge;
    }

    public void setStdAge(int stdAge) {
        this.stdAge = stdAge;
    }

    public String getStdMajor() {
        return stdMajor;
    }

    public void setStdMajor(String stdMajor) {
        this.stdMajor = stdMajor;
    }

    public String getStdHometown() {
        return stdHometown;
    }

    public void setStdHometown(String stdHometown) {
        this. stdHometown = stdHometown;
    }

}
```

学生信息表常用的数据处理功能有增加、删除、修改和查询等,程序 4-5 中的 StudDao 类给出了添加记录、修改记录和查询记录的相关方法。

程序 4-5　学生信息数据库访问层 Dao 层类 StudDao

```
package dao;

import java.sql.ResultSet;
import java.sql.SQLException;
import java.util.ArrayList;
import java.util.List;
import dbmgmt.OpDB;
import model.Student;

public class StudDao {

    public OpDB myOpDB;

    //构造函数,初始化数据
```

```java
public StudDao() {
    myOpDB = new OpDB();
}

/**
 * 查询全部学生信息
 *
 * @return 返回学生 model 链表
 */
public List < Student > QueryStdInfoAll() {
    ResultSet rs = null;
    String strSql = "select stdNo,stdName,stdAge,stdMajor, stdHometown from studentinfo";
    strSql = "select * from studentinfo";
    System.out.println("QueryStdInfoAll():" + strSql);
    try {
        rs = myOpDB.exeQuery(strSql);
    } catch (Exception e) {
        e.printStackTrace();
    }

    List < Student > studlist = new ArrayList < Student >();
    Student myStudent = null;
    try {
        while (rs.next()) {
            String stdNo = rs.getString("stdNo");        //建议参数中字段名和数据表中
                                                         //的字段名一模一样
            String stdName = rs.getString("stdName");
            int stdAge = rs.getInt("stdAge");
            String stdMajor = rs.getString("stdMajor");
            String stdHometown = rs.getString("stdHometown");

            myStudent = new Student();
            myStudent.setStdNo(stdNo);
            myStudent.setStdName(stdName);
            myStudent.setStdAge(stdAge);
            myStudent.setStdMajor(stdMajor);
            myStudent.setStdHometown(stdHometown);
            studlist.add(myStudent);
        }
    } catch (SQLException e) {
        e.printStackTrace();
    }

    try {
        myOpDB.closedbobj();
    } catch (SQLException e) {
        e.printStackTrace();
    }

    return studlist;
}
```

```java
/**
 * 条件查询学生信息——根据学号查询
 *
 * @return 返回学生 model 链表
 */
public List < Student > QueryStdInfobyid(String stdNo) {
    List < Student > studlist = new ArrayList < Student >();
    ResultSet rs = null;
    String strSql = "select stdNo,stdName,stdAge,stdMajor,stdHometown from studentinfo
where stdNo = '" + stdNo + "'";
    System.out.println(strSql);
    try {
        rs = myOpDB.exeQuery(strSql);
    } catch (Exception e) {
        e.printStackTrace();
    }
    Student myStudent = null;
    try {
        while (rs.next()) {
            // String stdNo = rs.getString("stdNo");    //该字段值通过形参传入,无须再
                                                        //提取
            String stdName = rs.getString("stdName");
            int stdAge = rs.getInt("stdAge");
            String stdMajor = rs.getString("stdMajor");
            String stdHometown = rs.getString("stdHometown");

            myStudent = new Student();
            myStudent.setStdNo(stdNo);
            myStudent.setStdName(stdName);
            myStudent.setStdAge(stdAge);
            myStudent.setStdMajor(stdMajor);
            myStudent.setStdHometown(stdHometown);
            studlist.add(myStudent);
        }
    } catch (SQLException e) {
        e.printStackTrace();
    }
    //关闭数据库对象
    try {
        myOpDB.closedbobj();
    } catch (SQLException e) {
        e.printStackTrace();
    }

    return studlist;
}

/**
 * 根据 model 对相应的数据库记录进行更新,其中学号不能更改
 *
```

```
   * @param myStudent
   * @return 执行状态
   */
  public int updateStdinfo(Student myStudent) {
      int affectedrows = 0;
      String strSql = "update studentinfo set stdName = '" + myStudent.getStdName() + "',
stdAge = " + myStudent.getStdAge() + ", stdMajor = '" + myStudent.getStdMajor() + "',
stdHometown = '" + myStudent.getStdHometown() + "'where stdNo = '" + myStudent.getStdNo() + "'";
      System.out.println(strSql);
      try {
          affectedrows = myOpDB.updateSql(strSql);
      } catch (Exception e) {
          e.printStackTrace();
      }
      //关闭数据库对象
      try {
          myOpDB.closedbobj();
      } catch (SQLException e) {
          e.printStackTrace();
      }

      return affectedrows;     //主调方法中根据返回记录数进行相关的处理,如判断是否操作成功等
  }

  /**
   * 将 model 插入数据库记录中
   *
   * @param myStudent
   * @return 执行状态
   */
  public int addStdInfo(Student myStudent) {

      int affectedrows = 0;

      try {
          int repNum = CheckRepeatRcd(myStudent);        //根据关键字检查是否已经存在该记录
          if (repNum < 1) {
              String myfsql = "insert into studentinfo (stdNo, stdName, stdAge, stdMajor,
stdHometown) values('" + myStudent.getStdNo() + "','" + myStudent.getStdName() + "'," +
myStudent.getStdAge() + ",'" + myStudent.getStdMajor() + "','" + myStudent.getStdHometown() + "')";
                                                        // 字符类字段值加单引号
              System.out.println(myfsql);
              affectedrows = myOpDB.updateSql(myfsql);
          }else{
              System.out.println("存在重复记录,没有执行添加记录操作!(" + myStudent.
getStdNo() + "," + myStudent.getStdName() + "," + myStudent.getStdAge() + "," +
myStudent.getStdMajor() + "," + myStudent.getStdHometown() + ")");
          }
      } catch (Exception e) {
          e.printStackTrace();
```

```java
        }
        //关闭数据库对象
        try {
            myOpDB.closedbobj();
        } catch (SQLException e) {
            e.printStackTrace();
        }


        return affectedrows;
    }

    /**
     * 将model列表插入数据库记录中
     *
     * @param studlist
     * @return 执行状态
     */
    public int addStdInfoM(List<Student> studlist) {
        String myfsql = "";
        System.out.println(myfsql);

        int affectedrows = 0;

        try {
            for (int i = 0; i < studlist.size(); i++) {
                Student myStudent = studlist.get(i);
                int repNum = CheckRepeatRcd(myStudent);   //根据关键字检查是否已经存在该记录
                if (repNum < 1) {
                    myfsql = "insert into studentinfo (stdNo, stdName, stdAge, stdMajor,
stdHometown) values('" + myStudent.getStdNo() + "','" + myStudent.getStdName() + "'," +
myStudent.getStdAge() + ",'" + myStudent.getStdMajor() + "','" + myStudent.getStdHometown() + "')";
                                                        // 字符类字段值加单引号
                    System.out.println(myfsql);
                    affectedrows += myOpDB.updateSql(myfsql);
                }else{
                    System.out.println("存在重复记录,没有执行添加记录操作!(" +
myStudent.getStdNo() + "," + myStudent.getStdName() + "," + myStudent.getStdAge() + "," +
myStudent.getStdMajor() + "," + myStudent.getStdHometown() + ")" );
                }
            }
        } catch (Exception e) {
            e.printStackTrace();
        }
        //关闭数据库对象
        try {
            myOpDB.closedbobj();
        } catch (SQLException e) {
            e.printStackTrace();
        }
```

```
        return affectedrows;
    }

    /**
     * 重复记录查询
     *
     * @param studnet 对象
     * @return 返回重复记录数,无重复记录返回 -1
     */
    public int CheckRepeatRcd(Student myStudent) {
        int reCrdNumber = 0;
        String strSql = "";
        //strSql = "select count( * ) as reCrdNumber from studentinfo where stdNo = '" +
myStudent.getStdNo()
        //+ "' and stdName = '" + myStudent.getStdName() + "' and stdAge = " + myStudent.
getStdAge()
        //+ " and stdMajor = '" + myStudent.getStdMajor() + "' and stdHometown = '" +
myStudent.getStdHometown() + "'";
         strSql = "select count( * ) as reCrdNumber from studentinfo where stdNo = '" +
myStudent.getStdNo() + "'";
        System.out.println(strSql);
        ResultSet rs = null;
        rs = myOpDB.exeQuery(strSql);
        try {
            while (rs.next()) {
                reCrdNumber = rs.getInt("reCrdNumber");
            }
            System.out.println("reCrdNumber:" + reCrdNumber);
        } catch (Exception e) {
            e.printStackTrace();
            return -1;
        }
        return reCrdNumber;
    }

    /**
     * 删除学生对象,根据学号删除记录
     *
     * @param myStudent
     * @return
     * @throws Exception
     */
    public int DeleteStdInfo(Student myStudent) {
        String myfsql = "delete from studentinfo where stdNo = '" + myStudent.getStdNo() + "'";
        System.out.println(myfsql);
        int affectedrows = 0;
        try {
            affectedrows = myOpDB.updateSql(myfsql);
        } catch (Exception e) {
            e.printStackTrace();
```

```
        }
        //关闭数据库对象
        try {
            myOpDB.closedbobj();
        } catch (SQLException e) {
            e.printStackTrace();
        }

        return affectedrows;
    }
}
```

StudDao 类有一个 OpDB 型成员变量 myOpDB,在构造方法中实例化,该变量指向数据库操作对象,所有的 SQL 语句都交给这个对象处理。

QueryStdInfoAll()方法实现查询所有记录,返回类型是 List<Student>,上层调用者可以对这个链表处理,而不关心如何从数据库得到这个链表,从而实现与数据库分离。在这个方法中,首先生成查询全部记录的 SQL 语句,本例中给出了将字段全部列出和用 ∗ 号通配符两种方式生成 SQL 语句,实际应用中常选择后一种。将生成的 SQL 语句 strSql 传递给操作层的查询方法 exeQuery(),返回 ResultSet 结果集对象 rs。创建一个 List<Student>链表对象 studlist,然后从 rs 结果集中循环读取记录中的各个列,本例中是根据列名(字段名)读取,将每条记录的数据赋值给一个 myStudent 对应的各个变量,然后再将 myStudent 添加到 studlist 中。结果集 rs 中所有记录处理完后关闭数据库对象,释放数据库资源,将 studlist 返回调用者。由于数据库操作会产生异常,因此使用了 try-catch 语句进行异常的捕获和处理。

updateStdinfo()方法实现记录的更新处理,该方法接收 Student 型参数 myStudent,返回影响的记录数。生成记录更新 SQL 语句时,由于学生的学号是学生信息的唯一标识,因此,更新时将学号作为条件。生成了记录更新 SQL 语句后,调用 myOpDB 的 updateSql()方法,执行 SQL 语句。执行完后关闭数据库对象,释放数据库资源,将 affectedrows 返回调用者。主调方法中可以根据返回记录数进行相关的下一步处理,如判断是否操作成功等。

addStdInfo()方法实现将一条记录添加到数据表中,该方法接收 Student 型参数 myStudent,返回影响的记录数。生成添加记录 SQL 语句,调用 myOpDB 的 updateSql()方法,执行 SQL 语句。执行完后关闭数据库对象,释放数据库资源,将 affectedrows 返回调用者。

addStdInfoM()方法实现将多条记录添加到数据表中,该方法接收 List<Student>参数 studlist,返回影响的记录数。其与 addStdInfo()的不同之处在于采用循环从 studlist 提取 Student 对象、构造 SQL 语句、调用 updateSql()方法,在循环过程中累加影响的记录数。执行完后关闭数据库对象,释放数据库资源,将 affectedrows 返回调用者。

在添加记录时,需要检查该条记录在数据库中是否已经存在,CheckRepeatRcd()方法实现了记录重复性检查功能。该方法接收 Student 型参数 myStudent,返回重复记录数。检查重复记录有根据关键字检查和全字段检查两种,本例中采用根据关键字检查重复记录,全字段检查重复记录在注释掉的代码中给出。SQL 语句的含义是计算所有的具有相同条件的记录数,这里是把 stdNo 作为条件。SQL 语句中的 as reCrdNumber 是给记录数命名,便于根据列名提取记录数。reCrdNumber 在返回的结果集中的数据类型是 int 型,因此使用 rs. getInt("reCrdNumber")提取重复数。

　　在整个代码中,在 SQL 语句执行前打印到控制台,便于检查 SQL 语句是否正确,这种方法有助于在程序编制阶段检查代码的正确性。

　　下面编写一段代码进行测试,如程序 4-6 所示。StdInfoMgmt 有查询测试 testquery()、添加记录测试 testadd()、修改记录测试 testupdate()、添加多条记录测试 testaddM()几个方法。

　　testquery()方法声明了一个 StudDao 实例对象 myDao、一个 Student 实例对象 myStudent、一个 List<Student> 实例对象 studlist,调用 myDao 的 QueryStdInfoAll()方法返回查询结果集链表。然后循环从 studlist 中提取记录保存到 myStudent,打印 myStudent 的各个属性值,直到 studlist 中所有的记录均被打印。

　　testadd()方法声明了一个 StudDao 实例对象 myDao、一个 Student 实例对象 myStudent,将 myStudent 作为参数调用 myDao 的 addStdInfo()方法添加记录。

　　testupdate()方法声明了一个 StudDao 实例对象 myDao、一个 Student 实例对象 myStudent,将 myStudent 作为参数调用 myDao 的 updateStdinfo()方法修改记录。

　　testaddM()方法与 testadd()方法的不同之处在于将多条学生记录添加到 studlist 链表中,然后将 studlist 作为参数调用 myDao 的 addStdInfoM()方法添加多条记录。

程序 4-6　数据操作示例

```java
package chap4samp;

import java.util.ArrayList;
import java.util.List;
import dao.StudDao;
import model.Student;

public class StdInfoMgmt {
    //查询测试
    public void testquery() {
        StudDao myDao = new StudDao();
        Student myStudent = new Student();
        List < Student > studlist = new ArrayList < Student >();
        studlist = myDao.QueryStdInfoAll();
        for (int i = 0; i < studlist.size(); i++) {
            myStudent = studlist.get(i);
         System. out. println("学号:" + myStudent. getStdNo() + ", 姓名:" + myStudent.
getStdName() + ", 年龄:"+ myStudent.getStdAge() + ", 专业:" + myStudent.getStdMajor() + ",
生源地:" + myStudent.getStdHometown());
        }
    }

    //添加记录测试
    public void testadd() {
        StudDao myDao = new StudDao();
```

```
        Student myStudent = new Student("2017005", "王海", 19, "机械工程", "沈阳");
        myDao.addStdInfo(myStudent);
    }

    //添加多条记录测试
    public void testaddM() {
        StudDao myDao = new StudDao();
        Student myStudent = new Student();
        List < Student > studlist = new ArrayList < Student >();
        myStudent = new Student("2017006", "王欢欢", 19, "物流工程", "保定");
        studlist.add(myStudent);
        myStudent = new Student("2017007", "张文", 19, "计算机科学与技术", "北京");
        studlist.add(myStudent);
        myStudent = new Student("2017010", "张涵", 16, "自动化", "北京");
        studlist.add(myStudent);
        myDao.addStdInfoM(studlist);
    }

    //更新记录测试
    public void testupdate() {
        StudDao myDao = new StudDao();
        Student myStudent = new Student("2017005", "王海", 19, "机械工程", "五大连池");
        myDao.updateStdinfo(myStudent);
    }

    public static void main(String[] args) {
        StdInfoMgmt mytest = new StdInfoMgmt();

        //添加记录前查询所有记录
        mytest.testquery();
        mytest.testadd();                              //添加记录
        //添加记录后查询所有记录,检查记录列表是否包含新增的记录
        mytest.testquery();

        //更新记录测试
        mytest.testupdate();                           //更新记录
        //更新记录后查询所有记录,检查记录列表是否包含更新的记录
        mytest.testquery();
        //添加多条记录
        mytest.testaddM();                             //添加多条记录
        //添加记录后查询所有记录,检查记录列表是否包含新增的记录
        mytest.testquery();
    }

}
```

程序运行结果如下：

```
QueryStdInfoAll():select * from studentinfo
学号:2017001, 姓名:张琴, 年龄:18, 专业:物流工程, 生源地:襄阳
select count( * ) as reCrdNumber from studentinfo where stdNo = '2017005'
```

reCrdNumber:0

insert into studentinfo (stdNo,stdName,stdAge,stdMajor, stdHometown) values('2017005','王海', 19,'机械工程','沈阳')

QueryStdInfoAll():select * from studentinfo

学号:2017001, 姓名:张琴, 年龄:18, 专业:物流工程, 生源地:襄阳

学号:2017005, 姓名:王海, 年龄:19, 专业:机械工程, 生源地:沈阳

update studentinfo set stdName = '王海',stdAge = 19,stdMajor = '机械工程', stdHometown = '五大连池' where stdNo = '2017005'

QueryStdInfoAll():select * from studentinfo

学号:2017001, 姓名:张琴, 年龄:18, 专业:物流工程, 生源地:襄阳

学号:2017005, 姓名:王海, 年龄:19, 专业:机械工程, 生源地:五大连池

select count(*) as reCrdNumber from studentinfo where stdNo = '2017006'

reCrdNumber:0

insert into studentinfo (stdNo,stdName,stdAge,stdMajor, stdHometown) values('2017006','王欢欢', 19,'物流工程','保定')

select count(*) as reCrdNumber from studentinfo where stdNo = '2017007'

reCrdNumber:0

insert into studentinfo (stdNo,stdName,stdAge,stdMajor, stdHometown) values('2017007','张文', 19,'计算机科学与技术','北京')

select count(*) as reCrdNumber from studentinfo where stdNo = '2017010'

reCrdNumber:0

insert into studentinfo (stdNo,stdName,stdAge,stdMajor, stdHometown) values('2017010','张涵', 16,'自动化','北京')

QueryStdInfoAll():select * from studentinfo

学号:2017001, 姓名:张琴, 年龄:18, 专业:物流工程, 生源地:襄阳

学号:2017005, 姓名:王海, 年龄:19, 专业:机械工程, 生源地:五大连池

学号:2017006, 姓名:王欢欢, 年龄:19, 专业:物流工程, 生源地:保定

学号:2017007, 姓名:张文, 年龄:19, 专业:计算机科学与技术, 生源地:北京

学号:2017010, 姓名:张涵, 年龄:16, 专业:自动化, 生源地:北京

再次运行程序,因数据库中已经存在相同记录,会提示重复记录,运行结果如下:

QueryStdInfoAll():select * from studentinfo

学号:2017001, 姓名:张琴, 年龄:18, 专业:物流工程, 生源地:襄阳

学号:2017005, 姓名:王海, 年龄:19, 专业:机械工程, 生源地:五大连池

学号:2017006, 姓名:王欢欢, 年龄:19, 专业:物流工程, 生源地:保定

学号:2017007, 姓名:张文, 年龄:19, 专业:计算机科学与技术, 生源地:北京

学号:2017010, 姓名:张涵, 年龄:16, 专业:自动化, 生源地:北京

select count(*) as reCrdNumber from studentinfo where stdNo = '2017005'

reCrdNumber:1

存在重复记录,没有执行添加记录操作!(2017005,王海,19,机械工程,沈阳)

QueryStdInfoAll():select * from studentinfo

学号:2017001, 姓名:张琴, 年龄:18, 专业:物流工程, 生源地:襄阳

学号:2017005, 姓名:王海, 年龄:19, 专业:机械工程, 生源地:五大连池

学号:2017006, 姓名:王欢欢, 年龄:19, 专业:物流工程, 生源地:保定

学号:2017007, 姓名:张文, 年龄:19, 专业:计算机科学与技术, 生源地:北京

学号:2017010, 姓名:张涵, 年龄:16, 专业:自动化, 生源地:北京

update studentinfo set stdName = '王海',stdAge = 19,stdMajor = '机械工程', stdHometown = '五大连

池' where stdNo = '2017005'

QueryStdInfoAll():select * from studentinfo

学号:2017001, 姓名:张琴, 年龄:18, 专业:物流工程, 生源地:襄阳

学号:2017005, 姓名:王海, 年龄:19, 专业:机械工程, 生源地:五大连池

学号:2017006, 姓名:王欢欢, 年龄:19, 专业:物流工程, 生源地:保定

学号:2017007, 姓名:张文, 年龄:19, 专业:计算机科学与技术, 生源地:北京

学号:2017010, 姓名:张涵, 年龄:16, 专业:自动化, 生源地:北京

select count(*) as reCrdNumber from studentinfo where stdNo = '2017006'

reCrdNumber:1

存在重复记录,没有执行添加记录操作!(2017006,王欢欢,19,物流工程,保定)

select count(*) as reCrdNumber from studentinfo where stdNo = '2017007'

reCrdNumber:1

存在重复记录,没有执行添加记录操作!(2017007,张文,19,计算机科学与技术,北京)

select count(*) as reCrdNumber from studentinfo where stdNo = '2017010'

reCrdNumber:1

存在重复记录,没有执行添加记录操作!(2017010,张涵,16,自动化,北京)

QueryStdInfoAll():select * from studentinfo

学号:2017001, 姓名:张琴, 年龄:18, 专业:物流工程, 生源地:襄阳

学号:2017005, 姓名:王海, 年龄:19, 专业:机械工程, 生源地:五大连池

学号:2017006, 姓名:王欢欢, 年龄:19, 专业:物流工程, 生源地:保定

学号:2017007, 姓名:张文, 年龄:19, 专业:计算机科学与技术, 生源地:北京

学号:2017010, 姓名:张涵, 年龄:16, 专业:自动化, 生源地:北京

从本例可以看出,对程序 4-1 进行改进后,Mysqlcon 及子类 OpDB 变成通用类,在编写不同的业务数据处理的代码时开发人员专注在 Model 和 Dao 的编码上,不用考虑数据库如何连接、如何通知数据库执行 SQL 语句,如图 4-5 所示。在实际项目开发时,往往把 Mysqlcon 中的数据库 URL、用户名、密码等信息存储在外部配置文件中,程序运行时从文件中读取,进一步增强程序的适应性。

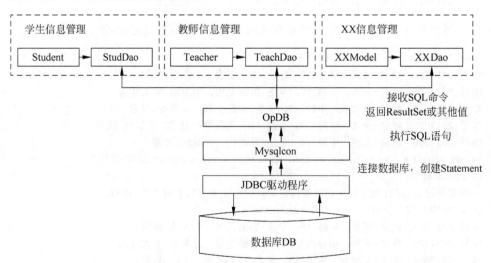

图 4-5　基于 Dao 和数据库连接封装的数据库访问模型

4.4　小　　结

本章介绍了 Java 数据库编程相关知识,读者需要了解和掌握以下内容:

(1) 数据表、字段、记录集的基本概念。

(2) 增加、删除、修改和查询 SQL 语句的定义方法。

(3) 访问数据库的步骤。

(4) Model、Dao 的概念和实现方法。

(5) 数据库记录增改查的 Java 代码开发。

学习了本章知识后,读者可以进一步学习数据库处理的相关技术,如数据事务回滚、连接池、数据库持久层及相关框架等,限于篇幅本书不再介绍。

4.5　练　习　题

1. 什么是表?

2. 什么是字段?

3. 什么是记录集?

4. 什么是 SQL?

5. 举例说明增加、删除、修改和查询的 SQL 命令及语法格式。

6. 什么是关联查询? 举例说明。

7. 什么是 JDBC? Java 中通过 JDBC 连接数据库有哪些步骤? 创建了哪些对象?

8. 查询记录结果保存在哪个对象中? 如何获取记录数据?

9. 举例说明什么是实体类。

10. 什么是 Dao? 有什么作用?

11. 举例说明如何通过实体类对象传参。

12. 一个商店的商品进货记录表 ProdPurchRcd 的字段有进货单号 PurchOrdNo、商品编码 ProdCode、商品名 ProdName、规格 Spec、数量 QTY、单价 Price、进货时间 PurchTime,商品库存记录表 ProdStorage 的字段有商品编码 ProdCode、商品名 ProdName、规格 Spec、单价 Price、总数 TQTY。每次进货,在 ProdPurchRcd 表中记录的同时,更新 ProdStorage 表中的总数。完成以下要求:

(1) 编写 SQL 语句创建数据库 ProdDB、创建 ProdPurchRcd 表和 ProdStorage 表。

(2) 编写 SQL 语句向 ProdPurchRcd 表和 ProdStorage 表中添加记录。

(3) 编写 SQL 语句查询某商品的库存总数。

(4) 试编写 Java 代码,实现上述功能。

第 5 章

HTML、CSS和JavaScript

5.1 HTML

最初,信息在网络上以文本文件的形式传输,无法对文字进行样式设计,如设置颜色、字体大小等,也无法展示图片等多媒体信息。为了满足这种需求,人们设计了一种方案,在文本文件中加入标记,这些标记可以用来设置显示样式,也可以用来嵌入图片、声音、动画、影视等多媒体信息(将多媒体文件路径信息插入文本文件),这样的文本文件信息展示的功能丰富了,是加了标记的超级文本文件,这些标记规范形成了一种网络信息展示形式的标记语言,称为超文本标记语言(Hyper Text Markup Language,HTML)。

使用了 HTML 标签的网页文件称为 HTML 文档,每一个 HTML 文档都是一种静态的网页文件,一个 HTML 文件的扩展名是.htm 或者是.html,用文本编辑器就可以编写 HTML 文件。注意,在编辑 HTML 标记时使用半角字符。

HTML 标签比较多,本书只介绍常用的 HTML4 标签,其他标签及 HTML5 标签请读者使用时参考 HTML 手册。

5.1.1 HTML 的基本结构

一个 HTML 文档是由一系列的元素和标签组成的,元素名不区分大小写。HTML 用标签来规定元素的属性和它在文件中的位置,HTML 文档由文档头(head)和文档体(body)两部分组成,在文档头中对这个文档进行了一些必要的定义,文档体中才是要显示的各种文档信息。程序 5-1 是一个最基本的 HTML 文档代码。

程序 5-1 一个简单的 HTML 文档示例

```
< html >                            <!-- 开始标签 -->
< head >                            <!-- 头部标签 -->
< title > HTML 示例</title>           <!-- 主题标签 -->
</head>
< body background = "bgimage.gif" bgcolor = "#00ff99">
这是我的第一个网页                      <!-- 文件主体 -->
</body >
</html >                            <!-- 结尾标签 -->
```

将上面的代码保存到文件名为"HTML 示例.html"的文件中,将 bgimage.gif 和这个文件放在同一目录下,用网页浏览器就可以打开并浏览这个网页了。

1. <html></html>

<html></html>在文档的最外层,文档中的所有信息文本和相关 HTML 标签都包含在其中,它表示该文档是以 HTML 编写的。

2. <head></head>

<head></head>是 HTML 文档的头部标签,在此标签中可以插入其他标记,用以说明文件的标题和整个文件的一些公共属性。在浏览器中打开网页时,浏览器窗口中不会显示头部信息。

3. <body></body>

<body></body>标签之间的文本是正文,是要显示出来的页面内容,如图片、文字、表格、表单、超链接等。<body>标签有很多属性,设置<body>标签内的属性,可控制整个页面的显示方式。<body>标签的格式为:

```
< body 属性 1 = "属性值" 属性 2 = "属性值" 属性 3 = "属性值">
```

如,<body background=" bgimage.gif" bgcolor="#00ff99">中使用 background 设定页面背景图像,bgcolor 设定页面背景颜色。

4. <title></title>

title 元素是一个 HTML 文档头中必须出现的元素,它也只能出现在文档头中。title 元素的格式为:

```
< title>主题</title >
```

title 标明该 HTML 文档的主题,是对文档内容的概括,一个好的标题应该能使读者从中判断出该文档的大概内容。文档的主题一般不会显示在文本窗口中,它被显示在浏览器窗口的标题栏。除了标识窗口外,当将某一网页保存文件时,title 被作为默认的文件名。

5.1.2　URL

在 HTML 中经常用到 URL,因此在介绍其他 HTML 标签前,先介绍 URL。统一资源定位器(uniform resourc locator,URL)指的是资源在网络上的地址,网络上每一个网站都具有总地址(IP),同一个网站下的每一个资源都属于同一个地址之下。

每一个文件都有自己的存放位置和路径,明确一个文件到要链接的文件之间的路径关系是确保 URL 路径正确的关键。URL 路径主要有绝对路径和相对路径两种。

1. 绝对路径

绝对路径以资源网络全路径方式给出资源地址,包括完整的协议名称、主机名称、文件夹名称和文件名称,如 https://yzxc.ustb.edu.cn/sssbkzn/sstzgg/index.htm。

2. 相对路径

访问同一个网站内的资源时,不一定需要完全地址,只需要确定当前文件与拟访问资源的相对路径即可。以当前文件所在路径为起点,进行相对文件位置的查找,不包括协议和主机地址信息,表示它的路径与当前文档的访问协议和主机名相同。

如果链接到同一目录下,则只需输入要链接文件的名称,如 url="index. html"访问当前网页所在目录的 index. html。

要链接到下级目录中的文件时,只需先输入目录名,然后加"/",再输入文件名,如 news/index. html 访问当前网页所在目录的下一级目录 news 中的 index. html。

要链接到上一级目录中文件,则先输入"../",再输入文件名,一个两点".."表示向上一级,如../../pics/cover. jpg 表示访问上两级目录下的 pics 目录中的 cover. jpg。

此外,还有一种磁盘路径,这种路径一般由 file://、以一个斜杠开始的磁盘路径(盘符后使用"|",而不是":")、文件名组成,如 file:///C|/Users/zqh/长城.jpg 指向 C 盘 Users/zqh 文件夹下的长城.jpg。磁盘路径在开发和发布时不便于维护,不建议使用磁盘路径。

5.1.3　表格

表格(table)在网页制作中非常广泛,可以用来进行信息列表、排版等,是必须掌握的 HTML 标签之一。

表格标签有<table>、<tr>、<td>、<th>,这些标签成对使用。

- <table>定义表格。
- <tr>定义行,表格是按行和列(单元格)组成的,一个表格有几行组成就要有几个行标签<tr>。
- <td>定义单元格(也就是列),<td>标签必须放在<tr>标签内,具体数据内容在<td>和</td>之间。
- <th>定义表头单元格,<th>标签必须放在<tr>标签内,一般位于首行或首列,标签之间的内容就是位于该单元格内的标题内容,其中的文字以粗体居中显示。如果表的标题单独处理,在表格中也可以不用此标签。

一个最基本的表格中,必须包含一组<table>标签、一组标签<tr>和一组<td>标签或<th>。

表格标签可以通过设置属性调整展示效果,如 width、height、align、background、bgcolor、bordercolor 等,如<td colspan=2>表示合并两个单元格。

在 HTML 页面中,使用表格排版是通过表格嵌套完成的,即一个表格内部可以嵌套另一个表格。在排版时,由总表格规划整体的结构,由嵌套的表格负责各个子栏目的排版,根据需要设置是否显示边框,这样就可以使页面的各个部分有条不紊,互不冲突,看上去清晰整洁。

此外,表格可以采用<thead>/<tbody>/<tfoot>等标签进行分组,本书因篇幅有限不再赘述,读者可参考 HTML 手册。

5.1.4　文字版面标签

该类标签用于对相关的文字显示位置等排版要求进行标记。

1. 标题文字标签<hn>

<hn>标签用于设置网页中的标题文字,被设置的文字将以黑体或粗体的方式显示在网页中,其中 n 是表示标题级别的数字,取值范围为 1～6。标题标签的格式:

```
< hn align = 参数>标题内容</hn >
```

<hn>标签成对出现,共分为六级,在<h1>与</h1>之间的文字就是第一级标题,是最大、最粗的标题;<h6>与</h6>之间的文字是最后一级标题,是最小、最细的标题文字。<hn>标签本身具有换行的作用,标题总是从新的一行开始。

2. 文字格式控制标签<font>

<font>标签用于控制文字的显示格式,通过属性设置字体、大小和颜色等。常用格式:

```
< font face = "字体值 1" size = "值 2" color = "值 3">文字</font >
```

如:

```
< font face = "隶书" size = "7" color = "♯FF0000">中国</font >
```

将"中国"两个字设置为红色隶书,字体大小为 7。

如果用户的系统中没有 face 属性所指的字体,则将使用系统默认字体。size 规定文本的尺寸大小,取值范围为 1~7 的数字,浏览器默认值是 3。color 属性的值为 rgb 颜色"♯nnnnnn"或颜色的名称。下面代码与上面代码功能相同:

```
< font face = "隶书" size = "7" color = "red">中国</font >
```

**3. 换行标签
**

换行标签是一个单标签,也称为空标签,不包含任何内容,该标签之后的内容将在浏览器中显示在下一行。

4. 段落标签<p>

<p>标签一般成对使用,用以区别文字的不同段落,<p>和</p>之间的文字是一个段落。

<p>标签也可以设置属性参数,如<p align="center">设置文字居中对齐,align 属性有 left、center、right 三个参数,这三个参数设置段落文字的左、中、右位置对齐方式。

5. 注释标签<!--注释的内容-->

在 HTML 文档中可以加入相关的注释,便于阅读和理解文件内容和标记安排等,这些注释内容不会在浏览器中显示出来。

6. 水平分隔线标签<hr>

水平分隔线标签<hr>是单独使用的标签,用于段落与段落之间的分隔,使网页文字在显示时结构清晰、文字的编排更整齐。通过设置<hr>标签的属性值,可以控制水平分隔线的样式。

7. 列表标签

网页有时会以列表的形式展示内容,列表分为两类:无序列表和有序列表。无序列表指没有编号的枚举列表,项目各条列间并无顺序关系,纯粹只是利用条列来呈现资料而已,此种无序列表在各条列前面均有一符号以示区隔。而有序列表就是指各条列之间是有顺序的,比如从 1,2,3,…编号,一直延伸下去。

无序列表使用的一对标签是<ul></ul>,每一个列表项前使用<li>。<li>的属性 type 有 disc(实心圆)、circle(空心圆)、square(小方块)三个选项,默认为 disc。

有序列表与无序列表的使用格式基本相同,它使用标签<ol></ol>,每一个列表项前使用<li>。<ol>列表带有顺序编号，如果插入和删除一个列表项，编号会自动调整。

列表项内部可以使用段落、换行符、图片、链接以及其他列表等。将一个列表嵌入另一个列表中，作为另一个列表的一部分，称为嵌套列表。

8. 块标签<div>

<div>标签可以把文档分割为独立的、不同的部分，用于排版布局、搭建网站导航栏等，目前网页布局、导航等以块标签的应用为主。在<div>和</div>之间可以安排文字、图片、动画等各种资源。

可以对一个<div>元素应用 class 或 id 属性，class 用于设定块内元素样式，而 id 用于标识该<div>块。

9. 图像标签<img>

网页可以显示的图像格式有 png、gif、jpg 等。其中，png 文件存储空间小，传输快，比较常用；gif 图像具有储存空间小、下载速度快、支持动画效果等特点；jpg 图像质量高，但存储空间比较大。在页面中使用图像时根据需要选择图像格式，例如为了适应不同的网络环境，采用不同的图像格式。<img>标签的格式为：

< img src = "图像 URL" alt = "图像的替代文本" />

如：

< img src = "../pics/flower.jpg" alt = "颐和园的花" />

<img>标签有 src 和 alt 两个必需的属性，src 是显示图像的 URL，alt 是当图像无法显示或者图像资源找不到等情况时的替代文本。

10. 超链接

HTML 文件中最重要的应用之一就是超链接，Web 上的网页是互相链接的，单击超链接的文本或图形就可以链接到其他页面。超链接除了可链接文本外，也可链接各种媒体，如声音、图像、动画等资源。

超链接的标签为<a>和</a>，其格式为：

< a href = "资源地址 url" target = "属性值" title = "标题文字">超链接名称</a>

href：定义链接指向的目标资源地址，如果路径出错，该资源就无法访问，出现 404 错误。

target：该属性用于指定打开链接的目标窗口，属性值如表 5-1 所示。如果没有 target 属性，在当前窗口打开链接地址。

表 5-1　目标窗口的属性值

属 性 值	描 述
_parent	在上一级窗口中打开，一般使用分帧的框架页会经常使用
_blank	在新窗口中打开
_self	在同一个帧或窗口中打开，这项一般不用设置
_top	在浏览器的整个窗口中打开，忽略任何框架
窗口名称	在指定窗口中打开，如后面 frameset 中的子窗口

title：该属性用于指定指向链接时所显示的标题文字。

超链接名称：要单击跳转链接的元素，元素可以包含文本，也可以包含图像。如：

`< a href = "../pics/flower.jpg" target = "_blank" title = "颐和园的花">花的世界</a>`

超链接文本在网页中显示时带下划线且与其他文字颜色不同，图形链接通常带有边框显示。

用图像做链接时只要把显示图像的标志＜img＞嵌套在＜a href＝"url"＞＜/a＞之间就能实现图像链接的效果。当鼠标指向"超链接名称"处时会变成手状，单击这个元素可以访问指定的目标文件，格式为：

`< a href = "链接地址" target = "目标窗口打开方式">< img src = "图像文件的地址"></a>`

如果没有 target 属性，则在当前窗口中打开链接地址。

11．特殊字符

HTML 标签中需要用到"＜"符号，如果页面文字中也要显示"＜"如何实现？为防止代码混淆，这时要使用特殊符号的表示方法，在文字中用符号代号来表示。常见的特殊字符如表 5-2 所示。如，文字中包含"＜"符号时在网页文字中要使用"<"代替。

表 5-2　HTML 中几种常见的特殊字符

特 殊 字 符	字 符 代 码	特 殊 字 符	字 符 代 码
＜	&lt;	©	&copy;
＞	&gt;	™	&trade;
&	&amp;	®	&reg;
"	&quot;	空格	

5.1.5　表单

表单(form)在 Web 网页中用于录入信息，当用户填写完信息后做提交(submit)操作，表单的内容从客户端传送到服务器端，经过服务器端服务程序处理后，再将用户所需信息传送回客户端的浏览器上，这样网页就具有了交互性。这里先介绍如何进行表单设计，与服务器端交互在后续章节详细介绍。

表单用＜form＞＜/form＞标签创建，在开始和结束标签之间的一切定义都属于表单的内容，表单不支持嵌套，即＜form＞＜/form＞之间不能再有＜form＞＜/form＞。

表单标签的格式：

`< form action = "url" method = get|post name = "myform" target = "_blank">... </ form >`

＜form＞标签有 action、method、name 和 target 等属性。

- action 的值是服务器端对应的处理程序的程序名(网址或相对路径)，如果这个属性是空值("")表示 action 指向当前文档。
- method 属性用来定义处理程序从表单中获得信息的方式，取值为 GET 或 POST。GET 方式把参数包含在 URL 中，这种方式传送的数据量是有限制的。POST 方式通过 request 传递参数，传送的数据量比较大。

- name 属性是该表单的名称,使用英文半角字符命名,具有与表单内容相关的含义, 在其他部分的代码中可以通过 name 属性来引用表单。
- target 属性用来指定目标窗口或目标帧。可选当前窗口_self、父级窗口_parent、顶 层窗口_top 或空白窗口_blank。

表单是由窗体和控件组成的,表单一般包含若干控件。

1. ＜input＞控件

＜input type=""＞用来定义一个用户输入区,用户可在其中输入信息。根据不同的 type 属性值,输入有很多种形式,可以是文本、按钮、单选框、复选框等,这些控件都有 name、value 等属性和 onclick、onchange、onselect、onfocus 等事件。常用的＜input＞控件 如下。

1) text:单行文本输入

```
< input type = "text" name = "" value = "" size = "" id = ""/>
```

其中,name 定义控件名称,可以在 JavaScript 等代码中引用。value 指定控件初始值,该值 就是网页被打开时显示在文本框中的内容,输入信息后更新 value 值。size 指定控件宽度, 表示该文本框所能显示的最大字符数。

2) button:普通按钮

```
< input type = "button" name = "" value = "" id = ""/>
```

其中,name 指定按钮名称;value 指定按钮显示文字;onclick 指定单击按钮后要调用的函 数,一般为 JavaScript 的一个事件。

3) submit:提交按钮

```
< input type = "submit"/>
```

当单击这个按钮时将表单(form)数据传送到 action 指定的 URL 地址。

4) reset:重置按钮

```
< input type = "reset"/>
```

单击该按钮可将表单内容全部清除,重新输入数据。

5) radio 单选框

```
< input type = "radio" name = "" value = ""/>
```

radio 用于单选,所有选项的 name 属性必须相同,如:

```
性别:< input type = "radio" name = "sex" value = "boy"/>男
    < input type = "radio" name = "sex" value = "girl"/>女
```

6) checkbox 复选框

```
< input type = "checkbox" name = "" value = "" checked/>
```

复选框允许用户在一定数目的选择中选取一个或多个选项,checked 设定控件初始状 态是被选中,如:

```
< input type = "checkbox" name = "Java" value = "Java" checked = "checked"/> Java
< input type = "checkbox" name = "Math" value = "Math" />数学
```

复选框的数据最好以数组的形式提交,一般将 name 设置为 name[],并赋予其不同的 value 值。例如,选择课程:

```
< input type = "checkbox" name = "course[ ]" id = "Java" value = "Java"/> Java
< input type = "checkbox" name = "course[ ]" id = "Math" value = "Math"/>数学
< input type = "checkbox" name = "course[ ]" id = "English" value = "English"/> English
```

7) hidden:隐藏控件

```
< input type = "hidden" name = "" value = ""/>
```

用于传递数据,页面不可见。例如:

```
< input type = "hidden" name = "StdId" value = "4190410"/>
```

其中,隐藏控件的名称为 StdId,其数据为"4190410",当表单发送给服务器后,服务器就可以根据 hidden 的名称 StdId,读取 value 的值 4190410,接收学号信息。

8) password:密码框

```
< input type = "password" name = "password"/>
```

该控件的输入信息是密码,在文本输入框中显示"＊"。

以上输入控件有一个公共的属性 name,服务器端通过控件的名字来获得 value 值数据。

2. ＜select＞下拉列表

＜select＞＜/select＞标签对用来创建一个菜单式下拉列表框,＜select＞具有 name、size 和 multiple 属性。

- name 是此列表框的名字,它与上面讲的 name 属性的作用相同,服务器端通过调用 ＜select＞区域的名字来获得选中的 value 数据。
- size 属性用来设置列表的高度,默认值为 1,默认状态下只显示一个选项,只有单击下拉按钮后才能看到全部的选项。
- multiple 属性表示可多选,在 Windows 操作系统中需要按 Ctrl＋鼠标左键进行多选。

＜option＞标签在＜select＞＜/select＞标签对之间设置选项列表,具有 selected 和 value 属性,selected 属性用来指定默认的选项,value 属性用来给＜option＞中的选项赋值,这个值是要传送到服务器端的,注意其与选项显示标签文字的区别。

下面代码是课程选择列表,支持多选:

```
< select name = "courseList" multiple size = "4">
    < option value = "Java">Java </option >
    < option value = "Math">数学</option >
    < option value = "English">英语</option >
    < option value = "Chinese">语文</option >
    < option value = "C">C 语言</option >
</select >
```

3. ＜textarea＞多行文本框

＜textarea name＝""＞＜/textarea＞用来创建一个可以输入多行的文本框,文本区中可容纳更多文本。

可以通过 cols 和 rows 属性来设置 textarea 的尺寸,通过 wrap 属性设置文本输入区内的换行模式,默认值是文本自动换行(当输入内容超过文本域的右边界时会自动转到下一行,而数据在被提交处理时自动换行的地方不会有换行符出现)。

除了上面介绍的表单控件外,其他控件读者可参考 HTML 手册。

5.1.6　多窗口框架

框架就是把一个浏览器窗口划分为若干小窗口,每个窗口可以显示不同的 URL 网页。使用框架可以非常方便地在浏览器中同时浏览不同的页面效果,也可以非常方便地完成导航工作。

在网页中应用多视窗口时,一般有一个框架划分页面,所有的框架定义放在这个 HTML 文档中。HTML 页面的文档体标签＜body＞被框架集标签＜frameset＞所取代,再通过＜frameset＞的子窗口标签＜frame＞定义每一个子窗口和子窗口的页面属性。其语法格式为:

```
< html >
< head >
</ head >
< frameset >
    < frame src = "URL 地址 1" name = "subjectFrm">
    < frame src = "URL 地址 2" name = "contentFrm">
    …
< frameset >
</ html >
```

框架结构可以根据＜frameset＞的分割属性分为左右窗口、上下窗口、嵌套分割窗口等,子窗口的排列遵循从左到右、从上到下的次序规则。＜frameset＞的主要属性如表 5-3 所示。

表 5-3　＜frameset＞的主要属性

属　　性	描　　述
border	设置边框粗细
bordercolor	设置边框颜色
frameborder	指定是否显示边框:0 代表不显示边框,1 代表显示边框
cols	用像素数或％分割左右窗口,＊表示剩余部分
rows	用像素数或％分割上下窗口,＊表示剩余部分
noresize	设定框架不能够调节

1. 左右分割窗口 cols

左右分割窗口是调整窗口水平宽度,也就是属性 cols,分割窗口数与 cols 值个数一致。

cols 值可以是数字（单位为像素），也可以是百分比（如全部用百分比设置，其和为 100%）和剩余值。各值之间用逗号分开。其中，剩余值用" * "号表示，剩余值表示所有窗口设定之后的剩余部分，当" * "只出现一次时，表示该子窗口的大小将根据浏览器窗口的大小自动调整；当" * "出现一次以上时，表示按比例分割剩余的窗口空间。cols 的默认值为一个窗口。如：

<frameset cols="40%,2 * , * ">将窗口分为 40%、40%、20%。

<frameset cols="100,200, * "> 将窗口分成三个子窗口，其中左侧两个宽度分别为 100 像素、200 像素，第三个窗口的宽度为剩余像素。

<frameset cols="100, * , * ">将 100 像素以外的窗口平均分配。

<frameset cols=" * , * , * ">将窗口分为三等份。

2. 上下分割窗口 rows

上下分割窗口调整垂直行数 rows 的属性，其设置和左右窗口的属性相同。

<frameset>设置了几个子窗口就必须对应几个<frame>标签，frame 子框架的 src 属性的 URL 指向一个网络资源地址（这个资源必须事先做好，否则报 404 错误），地址路径可使用绝对路径或相对路径，这个资源将被载入相应的窗口中。<frame>常用属性如表 5-4 所示。

表 5-4 <frame>常用属性

属　　性	描　　述
src	指示加载的 URL 文件的地址
bordercolor	设置边框颜色
frameborder	指示是否要边框，1 显示边框，0 不显示
border	设置边框粗细
name	指示框架名称，是连结标记的目标所要的参数
noresize	指示不能调整窗口的大小，省略此项时就可调整
scrolling	指示是否有滚动条，auto 根据需要自动出现，Yes 表示有，No 表示无

可以对每一个子窗口命名，以便被用于窗口间的链接。窗口命名要有一定的规则，名称一般是半角英文字符，名称必须以字母开头，不能使用数字，也不能使用网页脚本的关键字。在链接中设置 target 属性指向目标窗口，被链接的内容在该窗口中显示。

有些浏览器不支持框架，为了适应不支持框架的浏览器可以在框架页面中添加一个<noframes>标签，当使用的浏览器看不到框架时，会显示<noframes> </noframes>之间的内容。这些内容可以是提醒使用新版本浏览器，或切换至没有框架的网页版本。

一个简单的框架页示例代码如程序 5-2 所示，将窗口先上下分割，再对下面的窗口左右分割，上面的窗口显示 logo. jsp，下面左侧窗口显示 leftmenu. jsp，下面右侧窗口显示 welcome. jsp。程序 5-3 是 leftmenu. html 的代码，该页面有两个导航超链接，超链接的内容均显示在 mainframe 窗口中。

程序 5-2 框架页示例 frames. html

```
< html >
< head >
< meta http - equiv = "content - type" content = "text/html; charset = UTF - 8">
```

```
<title>框架页示例</title>
</head>
< frameset rows = "80, * " cols = " * " frameborder = "no" border = "0" framespacing = "0">
  < frame src = "logo. html" name = "topframe" scrolling = "no" noresize >
  < frameset cols = "120, * " frameborder = "no" border = "0" framespacing = "0">
    < frame src = "leftmenu. html" name = "leftframe" scrolling = "no" noresize >
    < frame src = "welcome. html" name = "mainframe">
  </frameset >
</frameset >
< noframes >
< body >您的浏览器无法处理框架!</body>
</noframes >
</html >
```

其中,meta 是 HTML 的元标签,其中包含对应 HTML 的相关信息,如内容编码等。

程序 5-3　leftmenu. html

```
< html >
< head >
< meta http - equiv = "content - type" content = "text/html; charset = UTF - 8">
< title >菜单</title >
</head >
< body >
< a href = "/studinfomgmt/StdInfolist.jsp" target = "mainframe">学生信息列表</a >< br/>
< a href = "/studinfomgmt/StdInfoupdate.jsp" target = "mainframe">修改学生信息</a >
</body >
</html >
```

5.2　CSS

5.2.1　什么是 CSS

前面介绍了 HTML 标记,这些标记的主要功能是控制网页内容如何展示。为了丰富和提高展示效果,相关标记有各种属性,可以通过在标签中设置属性控制显示样式。如果需要设置的属性较多,会使代码看起来不够简洁,阅读和修改维护不方便,尤其是多处内容使用同一种样式时需要重复书写代码。为此,出现了一种控制样式的编码机制——层叠样式表(Cascading Style Sheets,CSS)。

CSS 采用一种独立设置网页内容样式的方法将显示样式与网页标记分离,提高了样式的复用性。CSS 不仅可以静态地修饰网页,还可以配合各种脚本语言动态地对网页各元素进行格式化。

CSS 语法非常简单,格式如下:

```
选择器{
    属性 1;
    属性 2;
```

```
    属性 3;
}
```

选择器是样式引用名称,选择器在后面的章节会进一步介绍。选择器后面是大括号“{ }”,“{ }”内声明相关的样式属性及取值,属性之间用分号“;”分隔。大多数属性以键值对的形式设置,属性名加冒号“:”,冒号后面是取值。

如:

```
< p >< font face = "隶书" size = "7" color = "red">中国</font ></p >
```

设置了文字的字体、大小、颜色。

如果将样式属性与 HTML 标记分离,设计 CSS 样式如程序 5-4 所示。

程序 5-4 简单的段落标签 CSS 样式

```
< style >
p{
    font - family:'隶书';
    font - size:100px;
    color:red;
}
</style >
```

前面的代码可以改为:

```
< p >中国</p >
```

采用这种处理方式后,不用再为每个<p>标签设置显示属性,统一使用<style>定义好的样式。CSS 中采用 font-size 属性设置字体大小更加灵活。

在浏览器中按 F12 键打开网页调试模式,单击 Elements(元素)标签窗口,即可在 styles(样式)标签窗口看到对应各个元素的 CSS 样式。

5.2.2　HTML 应用 CSS 的方式

HTML 网页使用 CSS 有三种方式。

1. 行内样式(inline CSS)

将 CSS 样式嵌入到 HTML 标签中,一般都是放入标签的 style 属性中,如:

```
< p style = "font - family:'隶书'; font - size:100px; color:red">中国</p >
```

一般一次性、非重复、样式属性较少时采用这种方式,建议少用。

2. 内部样式(internal CSS)

程序 5-4 中采用的就是内部样式,CSS 写在<style></style>标签对中,构成内部样式表。一般情况下,<style>标签位于<head>标签内,仅对当前页面有效。

3. 外部样式(external CSS)

如果某一页面的样式在多个网页中使用,可以将 CSS 样式写到独立的 CSS 文件中,构成外部样式表。CSS 文件不需要再用<style></style>标签,直接写样式定义。在使用某一样式时,需要先导入外部样式文件,如:

```
< link rel = "stylesheet" type = "text/css" href = "/css/my.css"/>
```

将这段代码写在 HTML 的<head>标签中,采用链接方式导入 CSS 文件夹下的样式文件 my. css。

用户浏览网页时,CSS 样式文件会被缓存,继续浏览其他页面时,会优先使用缓存中的 CSS 文件,避免重复从服务器中下载,从而提高网页的加载速度。

采用外部样式能够实现页面风格保持一致,有利于页面样式的维护与更新,降低网站的维护成本。

当 HTML 元素嵌套时,可能每一层都引用了 CSS,一个标签上的 CSS 属性会被传递到子标签上。当网页比较复杂、HTML 结构嵌套较深时,一个标签的样式将受其祖先标签样式的影响。影响的规则是:

(1) 就近原则。

最近的祖先样式比其他祖先样式优先级高。

(2) 行内样式比"祖先样式"优先级高。

如<p style="font-family:'隶书'; font-size:100px; color:red">中国</p>中,如果定义了<p>标签样式,则 style="font-family:'隶书'; font-size:100px; color:red"优先于<p>标签样式。

5.2.3　基本选择器

CSS 中的选择器(selector)是用来标记样式、供 HTML 元素引用的标记。基本选择器有标签选择器、类选择器和 ID 选择器三种。

1. 标签选择器

CSS 标签选择器是对 HTML 标签进行样式设计,在网页中应用这些 HTML 标签时自动引用 CSS 样式,如程序 5-4 中<p>标签的 CSS 样式。

2. 类选择器

除了用上面的标签进行预定义样式外,更多的情况是根据需要自定义网页内容的显示方式,这类需求可以使用 class 类选择器,应用起来比较灵活。其语法格式如下:

```
.class 名称{
}
```

CSS 中类选择器命名使用点号"."作为前缀,如:

```
.left {
    text - align: left;
    color: red;
}
```

定义了一个 left 类选择器,定义显示靠左对齐、颜色为红色。在 HTML 中引用时,应加上 class 属性,如:

```
< p class = "left">这是应用了类选择器的文字</p>
```

同一个 HTML 标签可以使用多个类选择器。

类选择器可以嵌套,子类中的样式会覆盖父类中的同名样式,同时继承其他样式。

3. ID 选择器

HTML 元素可以设置 id 属性对该元素进行标识,如果只为某一元素进行样式设计,可以采用 ID 选择器。ID 选择器是一种更简洁的 CSS 应用方式,选择器以井号(♯)为前缀命名,ID 选择器的名称与 HTML 元素的 ID 值相同。如为<p id="p1"> pink flower</p>设计一个 ID 选择器:

```
♯p1 {
    text - align: left;
    color: pink;
}
```

pink flower 以上面 ID 选择器定义的粉色、靠左样式显示在网页。

ID 选择器的名称是唯一的,即相同名称的 ID 选择器在一个页面中只能出现一次。

当一个网页同时应用了三种选择器,其优先级是 ID 选择器>类选择器>标签选择器。

除了上面介绍的基本选择器外,还有层次选择器、属性选择器等,限于篇幅,本书不再介绍,可以参考 CSS 手册。

5.3　JavaScript

5.3.1　JavaScript 简介

前面介绍的 HTML 网页主要的作用是展示信息,如验证 HTML 表单提交信息的有效性、用户名不能为空、密码不能少于 4 位、邮政编码只能是数字等,这些用纯 HTML 网页无法实现。如果希望能够进行一些动态操作,则需要借助其他嵌入在 HTML 网页中的脚本语言,这些脚本语言有一些是在客户端运行的,有一些是在服务器端运行的。上面这些验证只需要在客户端进行,不需要传到服务器端,可以采用常用的客户端脚本语言 JavaScript(JS)来实现。JavaScript 是一种解释性的、基于对象的脚本语言,运行在客户端。

先来看一个简单的例子,代码如程序 5-5 所示。

程序 5-5　一个简单的 JavaScript 示例

```
< html >
< head >
< title >一个简单的 JavaScript 示例</title >
</head >
< body >
< script type = "text/javascript">
document.write("< h1 > Hello World!</h1 >")
</script >
</body >
</html >
```

在网页浏览器中打开这个网页,会看到页面以一级标题显示的"Hello World!"。

从程序 5-5 中可以看到,JavaScript 的标签是＜script＞,代码在嵌入 HTML 网页时写在＜script type="text/javascript"＞和＜/script＞之间。

JavaScript 程序代码可以写在网页内任意位置,也可以写在外部文件,在实际开发工作中根据需要进行处理。

（1）如程序 5-5 写在＜body＞＜/body＞中:当浏览器载入网页 body 部分时,就执行其中的 JavaScript 语句,执行之后输出的内容就显示在网页中。

（2）写在＜head＞＜/head＞中或者网页代码的尾部:有时候并不需要一载入 HTML 就运行 JavaScript,而是用户单击了 HTML 中的某个对象,触发了一个事件,才需要调用 JavaScript。这时,通常将这样的 JavaScript 放在 HTML 的＜head＞＜/head＞中或者网页代码的尾部。

（3）外部.js 文件:如果某个 JavaScript 程序被多个网页使用,可以将 JavaScript 程序放在一个扩展名为.js 的文本文件中。在网页＜head＞标签内使用＜script src="文件名"＞＜/script＞来引用外部 JavaScript 文件,src 的值是 JavaScript 文件的 URL 路径。这样,可以提高 JavaScript 的复用性,减少代码维护的负担,不必将相同的 JavaScript 代码复制到多个 HTML 网页中,将来一旦程序有所修改,也只需要修改.js 文件就可以,不用再修改每个用到这个 JavaScript 程序的 HTML 文件。

本书只介绍 JavaScript 基础知识,进一步学习 JavaScript 中的 Array、Date、Math、Number、String、RegExp 等对象时读者可参考 JavaScript 手册。

5.3.2　JavaScript 基本语法

像很多其他编程语言一样,JavaScript 也是用文本格式编写,由语句、语句块和注释构成的。语句块是由一些相互有关联的语句构成的语句集合。在一条语句中,可以使用变量、字符串、数字以及表达式。

1. 语句

一条 JavaScript 语句包含一个或多个表达式、关键词和运算符。一般来说,一条语句的所有内容写在同一行内。此外,如果多条语句需要写在同一行内,可以通过用分号";"分隔。

建议将每条语句都以显式的方式结束,即在每条语句最后加分号";"来表示该语句的结束。

2. 语句块

用{}括起来的一组 JavaScript 语句称为语句块。语句块通常用于函数和流程控制语句中。

3. 注释

在 JavaScript 语言中,用两个斜杠"//"来表示单行注释。多行注释则用"/＊"表示开始,用"＊/"表示结束。

4. 表达式

JavaScript 表达式是一个短语,可以判断或者产生一个值,这个值可以是任何一种合法的 JavaScript 类型,如数字、字符串、对象等。

5.3.3　JavaScript 关键字

JavaScript 关键字是指在 JavaScript 语言中有特定含义,成为 JavaScript 语法中一部分的字词,JavaScript 关键字不能作为变量名和函数名使用。JavaScript 常用关键字如下所示。

break	delete	function	return	typeof
case	do	if	switch	var
catch	else	in	this	void
continue	false	instanceof	throw	while
debugger	finally	new	true	with
default	for	null	try	

5.3.4　JavaScript 变量

JavaScript 中,在使用一个变量之前,首先要使用 var 声明变量。声明变量有以下几种方法。

（1）一次声明一个变量。例如"var a;"。

（2）同时声明多个变量,变量之间用逗号分隔。例如"var a, b, c;"。

（3）声明一个变量时,同时赋予变量初始值。例如"var a＝2;"。

（4）同时声明多个变量,并且赋予这些变量初始值,变量之间用逗号相隔。例如"var a＝2, b＝5;"。

变量命名必须符合下列规则。

（1）变量名的第一个字符必须是英文字母,或者是下划线。

（2）变量名的第一个字母不能是数字,其后的字符可以是英文字母、数字和下划线。

（3）变量名不能是 JavaScript 的关键字。

JavaScript 代码是区分大小写的,myname 和 MyName 表示的是两个不同的变量。

5.3.5　JavaScript 常用运算符

JavaScript 常用运算符包括赋值运算符"＝"、算术运算符(见表 5-5)和逻辑运算符(见表 5-6)。注意,在进行 x＋y 运算时,如果 x、y 为数值,则进行加法运算,如果 x、y 其中之一是字符串,则进行字符串拼接。

表 5-5　算术运算符

运　算　符	运算符说明	示　　例
＋	加法	x＋y
－	减法	x－y
*	乘法	x * y
/	除法	x/y
％	两者相除求余数	x％y
＋＋	递增	x＋＋
－－	递减	y－－

表 5-6　逻辑运算符

运　算　符	运算符说明	示　例
==	等于	x==y
===	全等于(值相等,数据类型也相同)	x===y
>	大于	x>y
>=	大于或等于	x>=y
<	小于	x
<=	小于或等于	x<=y
!=	不等于	x!=y
!==	不全等于	x!==y
&&	与(and)	x<100 && y>60
!	非(not)	!(x==y)
||	或(or)	x==8||y==8

要注意赋值"="和相等判断"=="的区别。

5.3.6　流程控制语句

与其他软件开发语言一样,JavaScript 也有类似的流程控制语句。

1. 条件语句

与 Java 中类似,JavaScript 中有三种条件语句来实现条件逻辑判断,分别是:

1) 单条件 if 语句:

```
if (布尔表达式){
    语句块;
}
```

2) 多分支 if-else 语句

```
if (布尔表达式){
    语句块 1;
}else{
    语句块 2;
}
```

上面的 if 语句与 Java 语言类似,如果布尔表达式为 true,则执行语句块 1 代码,否则执行语句块 2 代码。

3) 多分支 switch 语句

```
switch (布尔表达式){
    case label1:
        语句块 1;
        break;
    case label2:
        语句块 2;
        break;
    ...
```

```
    default :
        语句块 n;
}
```

switch 条件语句中,如果布尔表达式不符合任何 label,则执行 default 内的语句块 n 代码,break 表示 case 分支结束,如果没有使用 break 语句,则后续的 label 块会继续被执行。switch 使用严格比较"＝＝＝",值和类型必须都相同才判断相符。

2. 循环语句

JavaScript 与 Java 类似,有 for 循环、while 循环和 do-while 循环。

（1）for 循环

for 循环的格式如下:

```
for(表达式 1; 布尔表达式 2; 表达式 3){
    循环体语句块;
}
```

在循环代码块开始之前执行表达式 1,表达式 2 定义运行循环（代码块）的条件,在每次执行完循环代码块后执行表达式 3。

此外还有一种简便写法,for/in 用于遍历所有对象。

（2）while 循环

与 Java 类似,while 循环有两种,

```
while(布尔表达式){
    循环体语句块;
}
```

while 循环会一直循环代码块,只要指定的条件为 true。

do-while 循环是 while 循环的变体,在检查条件是否为真之前,循环体会执行一次,然后只要条件为真就继续循环。

```
do {
    循环体语句块;
}
while(条件);
```

5.4　JavaScript 与 HTML 交互处理

5.4.1　HTML 事件

在浏览网页时,会有加载、单击、敲击键盘等动作,这时就会产生事件,HTML 事件就是指由相关的元素触发的动作,可以采用 JavaScript 脚本响应这些事件。

如果希望页面中的元素产生的事件能够被响应,可以设置元素的事件属性,在属性值中指明如何响应事件,例如执行对应的 JavaScript 函数。

以下是常见的 HTML 元素事件属性。

1. window 事件属性

针对 window 对象触发的事件如下。

- onload：页面加载结束之后触发。
- onunload：页面卸载时触发(或者浏览器窗口被关闭)。

window 事件的属性在<body>标签中设置。

2. 控件事件

HTML 相关控件触发的事件如下。

- onblur：元素失去焦点时触发。
- onchange：在元素值被改变时触发。
- onfocus：当元素获得焦点时触发。
- onselect：在元素中文本被选中后触发。
- onsubmit：在提交表单时触发。

以上事件可以应用到很多 HTML 元素,但常用在表单控件上。

3. keyboard 事件

在敲击键盘时产生如下 keyboard 事件。

- onkeydown：在用户按下按键时触发。
- onkeypress：在用户敲击按钮时触发。
- onkeyup：当用户释放按键时触发。

4. mouse 事件

mouse(鼠标)相关事件如下。

- onclick：当元素上发生单击时触发。
- ondblclick：当元素上发生双击时触发。
- onmousedown：当元素上按下鼠标按键时触发。
- onmousemove：当鼠标指针在元素上移动时触发。
- onmouseout：当鼠标指针移出元素时触发。
- onmouseover：当鼠标指针在元素上时触发。
- onmouseup：当在元素上释放鼠标按键时触发。

以上只列出了常用的 HTML 事件,其他事件读者可参考 HTML 手册。

5.4.2　HTML DOM 对象

前面介绍过,网页文档包含了各种元素,这些元素以层次结构形式组织在一起,形成了文档对象模型(Document Object Model,DOM)。在这个模型中,将网页内的各个元素相关的对象及属性等组织在一起,形成了 HTML 对象的 DOM 树,如图 5-1 所示。DOM 是 W3C 国际组织的一套 Web 标准,它定义了一套访问 HTML 文档对象的属性、方法和事件的接口,允许程序和脚本动态地访问、更新文档的内容、结构和样式。

当网页被加载时,浏览器会创建页面的文档对象模型,顶层是 window 对象,其中显示的文档内容是 document 对象。

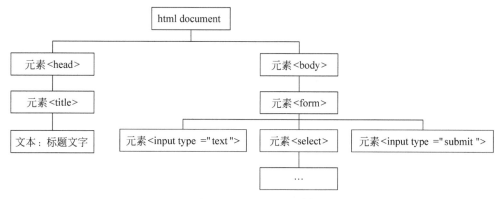

图 5-1　HTML DOM 树

　　HTML DOM 对象通过点号 "."引用其属性或者子元素。访问 HTML DOM 对象可以从根 document 开始层层引用，但这样不太方便，除非元素距离 document 比较近。访问 HTML 元素最常用的是使用 getElementById()方法，通过元素的 ID 来查找元素。在设计网页时，为元素设置 id 属性，id 属性值在整个文档中要唯一，不能引起歧义。

　　除了 getElementById()之外，还有根据元素名称获取对象的 getElementsByName()和根据元素 HTML 标签获取对象的 getElementsByTagName()方法。

5.4.3　JavaScript 响应 HTML 控件事件

　　页面中的元素产生的事件可以采用 JavaScript 函数响应，在事件中指定相应函数，在函数中对事件进行处理。在 JavaScript 代码中编辑函数格式为：

```
function 函数名() {
    函数体
}
```

　　如程序 5-6 中，在提交信息做数据有效性检查，例如检查是否为空时，在提交按钮标签属性中设置了 onclick = " checkbeforesubm ( )"，在 onclick 事件中指明响应方法为 checkbeforesubm()。

程序 5-6　JavaScript 响应 HTML 控件事件

```
< html >
< head >
< meta http - equiv = "Content - Type" content = "text/html; charset = UTF - 8" />
< title >JavaScript 响应 HTML 控件事件</title>
< style >
tr{
    text - align:center;
}
</style>
</head>
< body >
< form name = "regStdfrm" id = "regStdfrm" action = "" method = "post">
  < table width = "500" border = "1" align = "center">
```

```
<caption>
学生信息登记
</caption>
<tr>
  <td width = "302">学号:
    <input type = "text" name = "stdNo" id = "stdNo" /></td>
  <td width = "350">学生姓名:
    <input type = "text" name = "stdName" id = "stdName" /></td>
</tr>
<tr>
  <td>专业:
    <input type = "text" name = "stdMajor" id = "stdMajor" /></td>
  <td>生  源  地:
    <input type = "text" name = " stdHometown " id = " stdHometown " /></td>
</tr>
<tr>
  <td colspan = "2" align = "center"><input type = "button" name = "submitbtn" id =
"submitbtn" value = "提交" onclick = "checkbeforesubm()" /></td>
</tr>
<tr>
  <td colspan = "2" align = "left">注:输入有效学生信息!</td>
</tr>
</table>
</form>
<script type = "text/javascript">
  function checkbeforesubm() {
    var stdfrm = document.regStdfrm;
    var stdNoCtrl = document.getElementById("stdNo");
    var stdNoV = stdNoCtrl.value;
    debugger//可以调试,考察当在学号文本框中输入带空格字符串时 stdNoV 的变化
    console.log("去除两端空格前:" + stdNoV);
    stdNoV = stdNoV.trim();
    console.log("去除两端空格后:" + stdNoV);
    if (stdNoV == "") {
      alert("学号不能为空!请重新输入.");
      stdNoCtrl.value = "";              //清空文本框
      stdNoCtrl.focus();
      return;
    }
    stdfrm.submit();
  }
</script>
</body>
</html>
```

　　在进行有效性检查时,需要获取相关控件的输入内容,可以用前面介绍过的方法获取控件,document.regStdfrm 获取 form 对象,document.getElementById("stdNo")获取学号文本框控件,通过.value 获取文本框中的文本内容赋值给 stdNoV,再对 stdNoV 使用.trim()函数去除输入字符串两端的空格,然后采用 if 语句进行是否为空检查。如果为空,运行stdNoCtrl.value=""清空文本框,stdNoCtrl.focus()将焦点定位到学号输入文本框,便于用户重新输入,然后返回,不再执行后面的代码。如果不为空,则执行 form 的 submit()函数提交到后台。

在编写 JavaScript 代码时,可以采用调试模式帮助检查代码中的问题。浏览器启用调试工具的快捷键是 F12 键(或在页面右击,在弹出的快捷菜单中选择"审查元素"命令),在调试窗口中选择 Console 标签窗口。

在 JavaScript 代码中可以采用 debugger 关键字设置断点,在调试模式下,代码运行到断点处暂停,可以考察程序运行的中间数据。在 JavaScript 代码中可以采用 console.log() 方法向 Console 标签窗口输出数据。

在调试程序 5-6 时,程序在 debugger 处停下来,可以查看 stdNoV 的值,在去除两端空格后将 stdNoV 输出到控制台,检查程序运行的结果。

程序 5-6 中设计了<tr>标签样式,使每一行居中显示,不需要对每一行都进行<tr>标签样式设计。"提交"按钮和输入提示采用 colspan="2"进行了单元格合并。

JavaScript 可以响应所有的 HTML 事件,本书只介绍常用控件事件的响应方式,监听器等其他事件响应处理可参考 JavaScript 手册。

5.5　小　　结

本章介绍了 HTML、JavaScript 相关知识,读者需要了解和掌握以下内容。

(1) HTML 文档代码结构。

(2) 常用 HTML 标签,熟练设计和制作表格、表单及控件。

(3) 多窗口框架的设计和制作,能够熟练进行窗口分割及嵌套,为进一步学习其他页面布局技术打基础。

(4) 设置 CSS 样式的方法。

(5) JavaScript 嵌入 HTML 的写法。

(6) JavaScript 的基本语法和应用。

(7) JavaScript 函数的编写和调用。

(8) HTML 常见事件,并能够调用 JavaScript 函数进行响应。

(9) JavaScript 代码中获取 HTML 元素的方法。

在学习本章内容时,强烈建议读者充分利用网络资源,查找相关代码示例深入学习,同时积累可在以后项目中使用的参考代码。

学习了本章知识后,读者可以进一步学习前台页面的相关技术,如各种前台页面框架、HTML5、前后台异步通信、其他 JavaScript(如正则表达式)等,限于篇幅本书不再介绍。

5.6　练　习　题

1. HTML 网页有哪些主要结构? 使用了哪些标签?

2. HTML 标签区分大小写吗?

3. 在浏览器中打开包含<body background="bgimage.gif" bgcolor="#00FF99">的网页,能看到背景色吗? 为什么?

4. 什么是 URL？有几种常用的设置方式？

5. 如何在网页中添加一个表格？与表格相关的 HTML 标签有哪些？

6. 如何在网页中添加一个表单？一般需要设置哪些属性？有什么作用？

7. 常用的表单控件有哪些？使用了哪些标签？各个控件有哪些常用属性？

8. CSS 区分大小写吗？

9. CSS 有几种基本选择器？HTML 元素引用哪些选择器？试编写代码举例说明。

10. HTML 中应用 CSS 有几种方式？如何导入外部 CSS 文件？

11. 试根据所学知识，制作自己的简历网页。

12. JavaScript 代码在网页中可以写在哪里？

13. JavaScript 代码可以运行在服务器端吗？

14. JavaScript 区分大小写吗？

15. JavaScript 如何改变 HTML 元素的内容？试编写代码举例说明。

16. JavaScript 如何对 HTML DOM 事件做出响应？试编写代码举例说明。

17. JavaScript 如何获取 HTML DOM 对象？常用哪些方法？试编写代码举例说明。

18. JavaScript 如何响应 HTML 事件？试编写代码举例说明。

19. 如何调试 JavaScript 代码？

20. 如果程序 5-6 不使用标签样式仍要求居中显示，如何修改代码？试与程序 5-6 做代码对比，体会 CSS 的作用。

第 6 章

JSP技术

前面提到,增强 HTML 动态性的处理方法是在 HTML 中嵌入动态脚本,这些脚本的着眼点分为客户端和服务器端两类。

(1) 脚本运行在客户端:能够响应无须服务器端处理的一些 HTML 操作,如 JavaScript 等,能够响应 HTML 事件、改变显示样式等。

(2) 脚本运行在服务器端:这类脚本主要是工作在服务器端动态生成显示内容,如根据用户的条件进行信息查询等。这些脚本在服务器端运行将运行结果与 HTML 合并在一起,形成一个静态 HTML 发送到客户端。Java Server Pages (JSP)就是运行在服务器端动态生成内容的一种嵌入脚本,JSP 是把 Java 代码嵌套到 HTML 中,在访问网页时,先在服务器端运行 JSP 代码,根据运行结果生成对应完整的 HTML 网页代码。实际上,JSP 源代码文件就是包含 Java 代码、扩展名为.jsp 的 HTML 网页。

JSP 技术允许 Web 开发者和设计者能够快速开发容易维护的动态网页,JSP 与 Java Bean、Servlet 组合开发模式得到了越来越广泛的应用,并在此基础上形成了很多 Web 应用架构。

6.1 在 Eclipse 中创建 Web 工程

JSP 面向网络提供服务,需要建立 Web 工程进行开发,下面是建立一个 Web 工程的步骤。

(1) 启动 Eclipse,在主菜单中选择 File→New→Dynamic Web Project 命令,如图 6-1(a)所示。如果没有 Dynamic Web Project 菜单项,可以选择 Project 命令,在弹出的对话框中选择 Dynamic Web Project 选项,如图 6-1(b)所示。

(2) 单击 Next 按钮后会弹出一个新建 Dynamic Web Project 的参数设置对话框,在 Project name 文本框中输入工程名 chap6,Location 中显示工程的磁盘存储文件夹,一般默认存储在工作空间下新建的一个与工程名同名的文件夹中,Target runtime 是设置 JSP 引擎,选择在第 1 章中配置的 tomcat 7.0,Dynamic web module version 选择 2.5。对话框中还有其他的相关参数,先采用默认值,不需要修改,如图 6-2(a)所示。单击两次 Next 按钮,直到出现 Web Module 设置对话框,选中 Generate web.xml deployment descriptor 复选框,如图 6-2(b)所示。单击 Finish 按钮,创建工程文件。如果在创建的过程中出现其他提示对话框,单击 OK 或者 Yes 按钮接受默认处理方式即可。

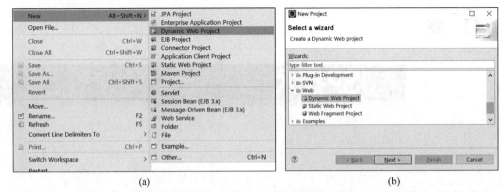

图 6-1 选择 Dynamic Web Project 工程向导

（a）选择 File→New→Dynamic Web Project 命令；（b）选择 Dynamic Web Project 选项

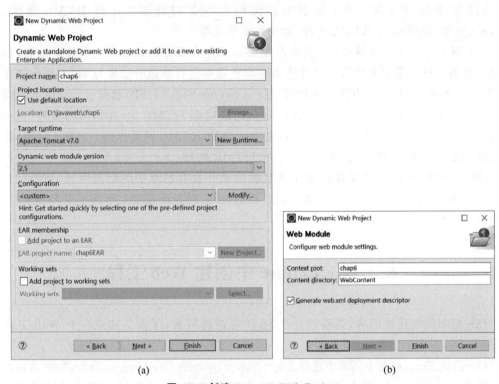

图 6-2 创建 Dynamic Web Project

（a）设置参数；（b）设置 Web Module

工程建好后，chap6 出现在工程管理器中，这时 chap6 是一个空的工程结构，后续要新增相关的代码文件，Java 源代码文件默认保存在 src 目录下，JSP 等面向 Web 提供服务的资源保存在 WebContent 目录下，后续工程中将要用到的外部 jar 包保存在 WebContent\WEB-INF\lib 目录下，WebContent/WEB-INF/web.xml 是 Web 工程的配置文件，一般不要修改这个文件，否则会导致工程无法运行，如图 6-3 所示。

图 6-3 Dynamic Web Project 结构

6.2　JSP 基本语法

6.2.1　JSP 标记

与 HTML 标签类似,Java 代码嵌入到 HTML 网页代码中也是采用标签的方式,通过 JSP 标签和指令嵌入 Java 代码。表 6-1 列出了常用的 JSP 标签及用法。

表 6-1　常用的 JSP 标签及用法

JSP 标签	语　　法	含　　义
JSP 表达式	＜％＝表达式 ％＞	将运算结果嵌入 HTML 对应位置
JSP 脚本	＜％代码 ％＞	嵌入代码段
JSP 页面指令	＜％@ page att＝"val" ％＞	JSP 页面设置指令
JSP include 指令	＜％@ include file＝"url" ％＞	引入的 URL 中的源代码原封不动地附加到当前文件中再进行编译
JSP 注释	＜％--注释 --％＞	在运行 JSP 时将被忽略
JSP:include	＜jsp:include page＝"url" flush＝"true"/＞	JSP 页面运行时才将 URL 文件加入

JSP 是把 Java 代码嵌套在 HTML 中,所以 JSP 程序代码包括静态的 HTML 代码和动态的 Java 代码。一个 JSP 页面由以下 5 种元素组合而成。

（1）普通的 HTML 标记符。

（2）JSP 标记,如指令标记、动作标记。

（3）Java 程序片段。

（4）Java 表达式。

（5）变量和方法的声明。

JSP 指令提供指令标记和动作标记两种类型,指令标记以＜％@开始,并以％＞结束,有 page、include 和 taglib 等。指令标记一般在编译时产生作用,JSP 动作标记是 JSP 引擎在处理请求时产生作用的。

本书只面向初学者介绍常用的几种元素。

6.2.2　Java 表达式

可在"＜％＝"和"％＞"之间插入一个表达式(不可插入语句),"＜％＝"是一个完整的符号,"＜％"和"＝"之间不要有空格,"＝"在这里表示将表达式的值打印输出。

Java 表达式常用于在 JSP 页面中输出结果,将表达式的值嵌入页面中,以字符串的形式和其他的 HTML 标记及内容组合,形成 HTML 发送到客户端。

下面创建一个 JSP 文件,在图 6-3 中的 WebContent 上右击,在弹出的快捷菜单中选择 New→Folder 命令,在弹出的对话框的 Folder name 文本框中输入文件夹名 ex1,如图 6-4(a) 所示,单击 Finish 按钮,在工程管理器中出现了新建的 ex1 文件夹,如图 6-4(b)所示。

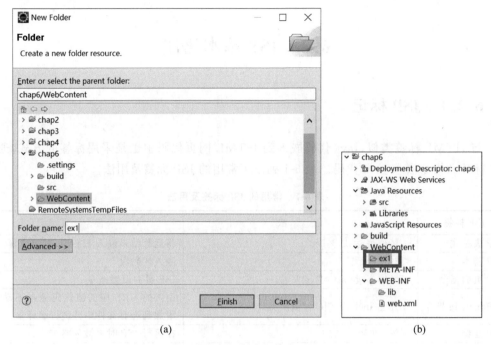

图 6-4　创建文件夹

（a）输入文件夹名；（b）创建 ex1 完成

在 ex1 上右击，在弹出的快捷菜单中选择 New→JSP File 命令，在弹出的对话框的 File name 文本框中输入文件名 telltime.jsp，单击 Finish 按钮，如图 6-5（a）所示，在工程管理器中出现了新建的 telltime.jsp 文件，并且自动在代码编辑窗口中打开，如图 6-5（b）所示。

图 6-5　创建 JSP 文件

（a）创建一个新 JSP 文件；（b）打开新建的 JSP 文件

上面创建的代码中编码不是 UTF-8，可以通过选择 Window→Preferences 命令，在弹出的对话框中输入 jsp，选择 JSP Files，设置 Encoding 为 UTF-8，如图 6-6 所示。单击 OK 按钮完成设置，下次再创建 JSP 文件时自动生成的代码中编码为 UTF-8。

编辑代码如程序 6-1 所示。new java.util.Date()表达式以当前服务器时间生成一个对

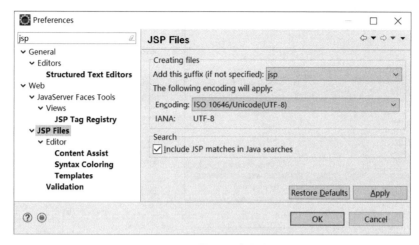

图 6-6 设置 JSP 默认编码

象，＜％＝(new java.util.Date())％＞是输出日期对象值。

程序 6-1 Java 表达式

```
< % @ page language = "java" contentType = "text/html; charset = UTF - 8"
    pageEncoding = "UTF - 8" % >
<! DOCTYPE html PUBLIC " - //W3C//DTD HTML 4.01 Transitional//EN" "http://www.w3.org/TR/html4/
loose.dtd">
< html >
< head >
< meta http - equiv = "Content - Type" content = "text/html; charset = UTF - 8">
< title > Java 表达式</title >
</head >
< body >
    < p >
        今天的日期是:
        <!-- Java 表达式 -->
        < % = (new java.util.Date()) % >
    </p >
</body >
</html >
```

在 telltime.jsp 上右击，在弹出的快捷菜单中选择 Run As→Run on Server 命令，如
图 6-7(a)所示，在弹出的对话框中单击 Finish 按钮，运行工程并访问 telltime.jsp，如图 6-7(b)
所示。Eclipse 会自动打开内嵌的浏览器访问，如图 6-7(c)所示。

在图 6-7(c)中可以看到消息窗口显示 Servers 消息，并且 Servers 标签窗口的工具条中
Stop the server 按钮处于激活状态，在停止工程时单击这个按钮。在每次修改代码前都要
停止工程，编辑完代码后要先保存，再编译、运行 Web 工程。

也可以将网址复制到外部浏览器中进行访问，如图 6-7(d)所示。

在图 6-7(d)网页窗口中的任意位置(如"今天的日期")右击，在弹出的快捷菜单中选择
"查看源代码"命令，打开新的标签窗口，显示网页的源代码如下:

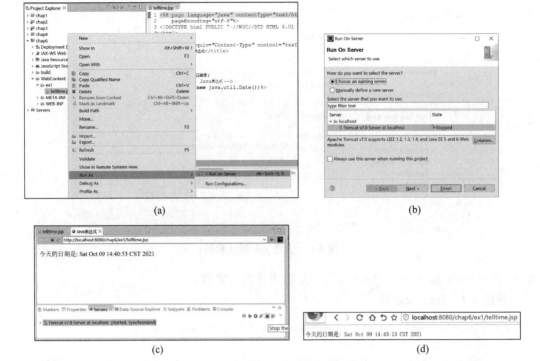

图 6-7　访问含有 Java 程序片段的 JSP

(a) 选择 Run As→Run on Server 命令；(b) 运行工程并访问 telltime. jsp；(c) 显示 Servers 消息；(d) 在外部浏览器中访问

```
<! DOCTYPE html PUBLIC " - //W3C//DTD HTML 4.01 Transitional//EN" "http://www.w3.org/TR/html4/
loose.dtd">
< html >
< head >
< meta http - equiv = "Content - Type" content = "text/html; charset = UTF - 8">
< title > Java 表达式</title >
</head >
< body >
    < p >
        今天的日期是：
        <!-- Java 表达式 -->
        Sat Oct 09 14:43:13 CST 2021
    </p >
</body >
</html >
```

将其与 JSP 源代码文件对比后可以看出，这是一个静态网页，已经没有了 JSP 标记，
＜％＝(new java. util. Date())％＞的位置替换为运行时服务器的时间。

6.2.3　Java 程序片段

在"＜％"和"％＞"之间插入 Java 代码片段，实现一定的功能，一个 JSP 页面可以有许
多程序片段，这些程序片段会按顺序执行。

程序片段中声明的局部变量的有效范围与其声明的位置有关,在其后继的所有 Java 程序片段以及表达式内都有效。

一般在 JSP 文件中将 Java 程序片段与 HTML 标记组合,进行相关数据的展示。

将程序 4-2 Mysqlcon、程序 4-3 OpDB、程序 4-4 Student 和程序 4-5 StudDao 复制到工程 chap6 的 src 中(在 chap4 中相应的文件或文件夹上按 Ctrl＋C 组合键,在 chap6 的 src 上按 Ctrl＋V 组合键),按原代码文件中的 package 设置路径。将工程 chap4 中 lib\mysql-connector-java-5.1.18.jar 复制到工程 chap6 的 WebContent\WEB-INF\lib\中,参考前面章节中的操作方法将其加入 Build Path。参考程序 6-1 中 telltime.jsp 的创建过程,在 WebContent 目录下建立一个文件夹 studinfomgmt,在文件夹 studinfomgmt 中创建一个 StdInfolist.jsp。完成上述复制文件和创建文件后工程结构如图 6-8 所示。

程序 4-6 中 testquery()的代码是:

图 6-8 添加文件后的工程结构

```java
public void testquery() {
    StudDao myDao = new StudDao();
    Student myStudent = new Student();
    List < Student > studlist = new ArrayList < Student >();
    studlist = myDao.QueryStdInfoAll();
    for (int i = 0; i < studlist.size(); i++) {
        myStudent = studlist.get(i);
        System. out. println("学号:" + myStudent. getStdNo() + ",姓名:" + myStudent.
        getStdName() + ",年龄:" + myStudent. getStdAge() + ",专业:" + myStudent.
        getStdMajor()
                    + ",生源地:" + myStudent.getStdHometown());
    }
}
```

上面这段代码将学生信息从数据库表中读取出来,打印输出到控制台。如果要显示在网页上,需要将相关信息与 HTML 标记进行组合,这就用到了 JSP。学生信息设计成以表格中列表的方式显示,如程序 6-2 所示。

程序 6-2 学生信息表格设计

```
1.    < h1 align = "center">学生名单</h1 >
2.
3.    < table width = "800" border = "1" align = "center" cellpadding = "0"
4.        cellspacing = "0" bordercolor = "♯000000">
5.        < tr >
6.            < td >< div align = "center">学号</div ></td>
7.            < td >< div align = "center">姓名</div ></td>
8.            < td >< div align = "center">年龄</div ></td>
9.            < td >< div align = "center">专业</div ></td>
10.           < td >< div align = "center">家乡</div ></td>
```

```
11.        </tr>
12.
13.        <tr>
14.            <td><div align = "center"> 2017001 </div></td>
15.            <td><div align = "center">张琴</div></td>
16.            <td><div align = "center"> 18 </div></td>
17.            <td><div align = "center">物流工程</div></td>
18.            <td><div align = "center">襄阳</div></td>
19.        </tr>
20.
21.        ...
22.    </table>
```

表格由表头和多行记录组成,第5~11行代码显示列表第一行,显示表头,以下各行显示记录,将从数据表中获取的记录取出组成各行,也就是说,要将程序4-6中testquery()中的获取记录的for循环与程序6-2中的第13~19行进行组合,在单元格中输出记录的各数据项。

综上,修改StdInfolist.jsp代码如程序6-3所示。

程序6-3 学生信息列表页面StdInfolist.jsp

```
1.  <%@ page language = "java" contentType = "text/html; charset = UTF-8"
2.      import = "dao. * ,model. * ,java.util. * " pageEncoding = "UTF-8" %>
3.  <!DOCTYPE html PUBLIC " - //W3C//DTD HTML 4.01 Transitional//EN" "http://www.w3.org/TR/
html4/loose.dtd">
4.  <html>
5.  <head>
6.  <meta http-equiv = "Content-Type" content = "text/html; charset = UTF-8">
7.  <title>学生信息列表</title>
8.  </head>
9.  <body>
10.     <%
11.         StudDao mystddao = new StudDao();
12.         List<Student> stdlist = mystddao.QueryStdInfoAll();
13.     %>
14.     <h1 align = "center">学生名单</h1>
15.
16.     <table width = "600" border = "1" align = "center" cellpadding = "0"
17.         cellspacing = "0" bordercolor = "♯000000">
18.         <tr>
19.             <td><div align = "center">学号</div></td>
20.             <td><div align = "center">姓名</div></td>
21.             <td><div align = "center">年龄</div></td>
22.             <td><div align = "center">专业</div></td>
23.             <td><div align = "center">家乡</div></td>
24.         </tr>
25.         <%
26.             Student myStudent = new Student();
27.             for (int i = 0; i < stdlist.size(); i++) {
28.                 myStudent = stdlist.get(i);
29.                 String stdNo = myStudent.getStdNo();
30.                 String StdName = myStudent.getStdName();
```

```
31.                 int StdAge = myStudent.getStdAge();
32.                 String StdMajor = myStudent.getStdMajor();
33.                 String StdHometown = myStudent.getStdHometown();
34.         %>
35.         <tr>
36.             <td><div align="center"><% = stdNo %></div></td>
37.             <td><div align="center"><% = StdName %></div></td>
38.             <td><div align="center"><% = StdAge %></div></td>
39.             <td><div align="center"><% = StdMajor %></div></td>
40.             <td><div align="center"><% = StdHometown %></div></td>
41.         </tr>
42.         <%
43.             }
44.         %>
45.     </table>
46. </body>
47. </html>
```

程序 6-3 中，第 2 行，程序运行时需要用到各个包中的类，因此加入 import＝"dao. * , model. * ,java. util. * "，导入相关的类。

第 10～13 行加入 StudDao 和读取全部数据的 Java 程序片段，实例化 StudDao 对象 mystddao，调用 mystddao. QueryStdInfoAll()将结果保存到 List<Student> stdlist 中。

第 18～24 行是程序 6-2 中的表头，不用修改，保持原样。

第 25～34 行是加入的 Java 片段，功能是对 stdlist 进行循环取记录，将记录保存到实体 myStudent 中，然后从 myStudent 中获取各个数据项。

第 35～41 行对程序 6-2 中的第 13～19 行进行改造，采用 Java 表达式的方式，将上面获取到的各个数据项输出到每一行的单元格中。

第 42～44 行加入循环结束大括号的 Java 程序片段。

其余部分基本不变，这样，Java 代码嵌入 HTML 中，形成了 JSP 文件。

保存、编译工程 Chap6，启动 MySQL 数据库服务，运行这个程序，显示结果如图 6-9 所示。

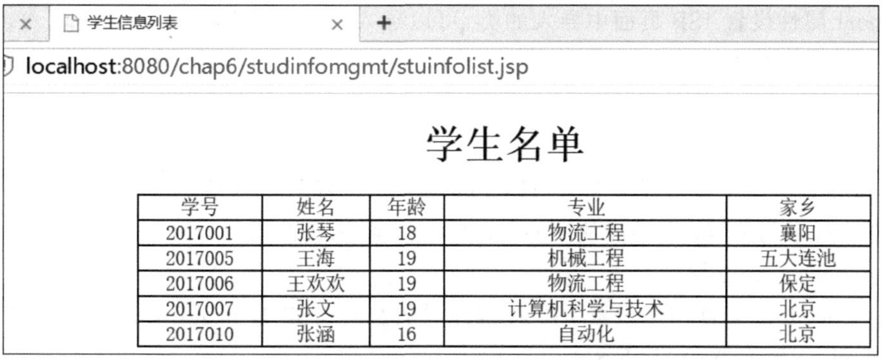

学号	姓名	年龄	专业	家乡
2017001	张琴	18	物流工程	襄阳
2017005	王海	19	机械工程	五大连池
2017006	王欢欢	19	物流工程	保定
2017007	张文	19	计算机科学与技术	北京
2017010	张涵	16	自动化	北京

图 6-9　学生信息显示页面运行结果

从程序 6-3 可以看到，页面显示内容与数据库存储的内容相关，而不是静态地写在 HTML 中，实现了内容的动态生成。

6.2.4　JSP 指令标记

下面介绍几个常用的 JSP 指令标记。

1. page

page 指令用来定义整个 JSP 页面的一些属性和这些属性的值,属性值用单引号或双引号括起来。

page 指令的作用对整个 JSP 页面有效,与其书写位置无关(习惯把 page 指令写在最前面)。

可以用一个 page 指令指定多个属性的值:

```
<%@ page 属性 1 = "属性 1 的值" 属性 2 = "属性 2 的值" … %>
```

也可以用多个 page 指令分别为每个属性指定值:

```
<%@ page 属性 1 = "属性 1 的值" %>
<%@ page 属性 2 = "属性 2 的值" %>
…
<%@ page 属性 n = "属性 n 的值" %>
```

page 指令可以设置 contentType、language、import、session、pageEncoding、buffer、autoFlush 等属性。其常用属性如下:

1) contentType 属性

contenType 属性确定 JSP 的类型和字符编码,如<%@ page contentType = " text/html;charset="UTF-8" %>表示页面的类型是文本 HTML 文件,编码是 UTF-8,客户端和浏览器将接收到的数据按 HTML 进行解码。如果不指定 contentType 的属性值,JSP 的默认为"text/html;charset=ISO-8895-1"。

2) language 属性

language 属性用来定义 JSP 页面使用的脚本语言,在 JSP 中该属性值只能取"java"。

3) import 属性

import 属性设置 JSP 页面中导入的类,可以导入多个值,用英文逗号隔开。

JSP 页面默认导入的包有 java. lang. * 、javax. servlet. * 、javax. servlet. jsp. * 、javax. servlet. http. * 等。

4) session 属性

session 属性用于设置是否使用 HTTP session。有两个取值,如果为 true,则 session 对象可用;如果为 false,则不能使用 session 对象,默认属性值为 true。

5) pageEncoding 属性

pageEncoding 属性用于设置 JSP 在编译时的编码,JSP 按 pageEncoding 指定的编码读取 JSP 代码,一般设置为 UTF-8。

2. include

include 指令标记可以在 JSP 页面出现该指令的位置处静态插入一个文件,其语法格式为:

```
<%@ include file = "文件的 URL" %>
```

文件的 URL 与在前面章节介绍的类型相同,不同的是 include 指令中的 URL 指向 HTML 或者 JSP 文件。

include 指令引入的是静态的 HTML/JSP 文件,它将引入的 JSP 中的源代码原封不动地附加到当前文件中,当前 JSP 页面和插入的文件合并成一个新的 JSP 页面,然后 JSP 引擎再将这个新的 JSP 页面编译后运行。所以,插入文件后,必须保证新合并成的 JSP 页面符合 JSP 语法规则,即能够成为一个 JSP 页面。要导入的文件不能带多余的标签或与当前 JSP 文件重复的标记,例如里面不要包含<html><body>这样的标签,因为是把源代码原封不动地附加过来,所以会与当前的 JSP 中的这样的标签重复,导致出错。

如果对嵌入的文件进行了修改,那么 JSP 引擎会重新编译 JSP 页面,即将当前的 JSP 页面和修改后的文件重新合并再次进行编译。

@ include 常用于将较大的 JSP 代码文件中的一些公共模块化代码(如导航等)分离出来,保存到一个单独的文件,在原 JSP 文件中静态引入,以此来简化 JSP 代码,增强阅读性。

6.3　JSP 内置对象

6.3.1　内置对象概述

在网络交互的过程中,客户端和服务器端有大量信息进行传输,如客户端向服务器端提交数据、服务器端向客户端发送数据等。在 JSP 中,这些网络交互过程中的相关信息封装在一些对象实例中,在 JSP 页面加载完毕之后自动创建了这些对象,这些对象在 JSP 的 Java 代码块和 Java 表达式中可以直接使用,不需要引用者进行声明和初始化等实例化处理,只需要使用相应的对象调用相应的方法即可,这些系统创建好的对象就称为内置对象。

在 JSP 代码中,可以通过 JSP 内置对象的方法获取相关信息,进行相关数据的运算或者存储等处理。网络交互过程中的不同类型信息封装在不同的内置对象中。JSP 预定义了 9 个内置对象,分别为 request、response、session、application、out、pagecontext、config、page、exception。本书只介绍常用的几个 JSP 内置对象,其他的内置对象在使用时可以参考相关手册。

6.3.2　request 对象

如果要与用户互动,必须要知道用户的需求,然后根据这个需求生成用户期望看到的结果,这样才能实现与用户的互动。在 Web 应用中,用户的需求就封装成一个 request 对象,request 对象用来收集客户端传递到服务器端的各种数据。

request 对象包含浏览器向服务器发出的通过 HTTP 传送到服务器的请求信息,包括头信息、系统信息、请求方式以及请求参数等,如客户端 IP 及端口等信息、客户端的 Cookies 等。前面章节中介绍表单时提到,表单用于录入相关信息,向服务器端提交,这些提交的信息就封装在 request 对象中。表单中的 action 属性指明了服务器端处理这个表单请求的服务程序,只有在这个服务程序中才能访问这个 request 对象,并且在 Web 服务器多线程技术的支持下,当同一个 JSP 页面被多个不同 IP 地址的客户端访问时,会生成多个服务器端对象处理各自的请求,不会出现混乱。

request 对象的方法非常多,在这里只介绍比较常用的几种方法,其他方法可以参考相关类库的介绍。

- getParameter(String name):根据表单中的控件名称取出客户端提交到服务器的参数值,例如获取表单中文本框中输入值,在后面会举例说明。
- getAttribute(String name):取出指定名称的这个属性的值,这个属性可以用 setAttribute(String name,Object o)方法进行赋值,如果没有对这个属性赋值则返回 null。
- setAttribute(String name,Object o):对指定名称的属性进行赋值。
- removeAttribute(String name):可以移除指定名称的一个属性。
- getContextPath():可以获取的服务器上下文路径。
- getCookies():可以取出客户端的 Cookies。
- getHeader(String name):可以取得指定名称的 HTTP 报头的属性值。
- getServerName():可以取得服务器的名称。
- getServerPort():可以取得服务器的访问端口。
- getRemoteAddr():返回客户端机器的 IP 地址。

参考程序 6-1 telltime.jsp 的创建过程,在 ex1 文件夹下创建 testrequest.jsp,编辑代码如程序 6-4 所示。

程序 6-4 request 对象常用方法

```
<%@ page language = "java" contentType = "text/html; charset = UTF-8" pageEncoding = "UTF-8" %>
<!DOCTYPE html PUBLIC " - //W3C//DTD HTML 4.01 Transitional//EN" "http://www.w3.org/TR/html4/loose.dtd">
<html>
<head>
<meta http-equiv = "Content-Type" content = "text/html; charset = UTF-8">
<title>request 对象常用方法</title>
</head>
<body>
    <font size = "2"> request 对象常用方法调用示例:<br><%
    request.setAttribute("WelcomeMsg", "Hello!");
    out.println("WelcomeMsg 的值为:" + request.getAttribute("WelcomeMsg") + "<br>");
    out.println("上下文路径为:" + request.getContextPath() + "<br>");
    out.println("Cookies:" + request.getCookies() + "<br>");
    out.println("Host:" + request.getHeader("Host") + "<br>");
    out.println("ServerName:" + request.getServerName() + "<br>");
    out.println("ServerPort:" + request.getServerPort() + "<br>");
    out.println("RemoteAddr:" + request.getRemoteAddr() + "<br>");
    request.removeAttribute("WelcomeMsg");
    out.println("属性移除操作以后 WelcomeMsg 属性的值为:" + request.getAttribute("WelcomeMsg") + "<br>");
```

```
%>
    </font>
</body>
</html>
```

程序运行结果如下：

```
request 对象主要方法调用示例:
WelcomeMsg 的值为:Hello!
上下文路径为:/chap6
Cookies:null
Host:localhost:8080
ServerName:localhost
ServerPort:8080
RemoteAddr:0:0:0:0:0:0:0:1
属性移除操作以后 WelcomeMsg 属性的值为:null
```

上面的代码演示了如何通过 request 对象方法获取信息，另一个比较常见的情况是获取表单中提交的数据，下面以根据学号查询学生信息进行说明。

设计两个 JSP 页面：第一个 JSP 页面 QueryStdInfo.jsp 构造一个表单，在表单中添加文本框输入学号，在表单的 action 属性中指向第二个 JSP；第二个 JSP 页面 StdInfoRslt.jsp 中接收前一个 JSP 页面提交的查询条件信息，从数据表中读取数据，列表显示。两个 JSP 页面的工作流程如图 6-10 所示。

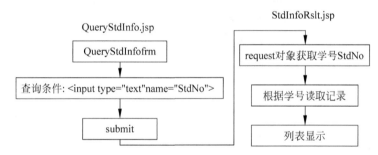

图 6-10　两个 JSP 页面的工作过程

在 StdInfoMgmt 中创建 QueryStdInfo.jsp，代码如程序 6-5 所示。

程序 6-5　查询条件输入页面 QueryStdInfo.jsp

```
1.  <%@ page language = "java" contentType = "text/html; charset = UTF - 8" pageEncoding =
"UTF - 8" %>
2.  <!DOCTYPE html PUBLIC " - //W3C//DTD HTML 4.01 Transitional//EN" "http://www.w3.org/TR/
html4/loose.dtd">
3.  < html >
4.  < head >
5.  < meta http - equiv = "Content - Type" content = "text/html; charset = UTF - 8">
6.  <title>查询学生信息</title>
7.  </head >
8.  < body >
9.  < form name = "QueryStdInfofrm" method = "post" action = "StdInfoRslt.jsp">
10.    < table width = "300" border = "1" align = "center">
```

```
11.        <tr>
12.          <td colspan = "2" align = "center">学生信息查询</td>
13.        </tr>
14.        <tr>
15.          <td width = "93" align = "center">学号</td>
16.          <td width = "91">
17.            <input type = "text" name = "StdNo" id = "StdNo" /></td>
18.        </tr>
19.        <tr>
20.          <td colspan = "2" align = "center"><input type = "submit" name = "button" id =
"button" value = "查询" /></td>
21.        </tr>
22.      </table>
23.  </form>
24.  </body>
25.  </html>
```

程序 6-5 中,第 9 行定义 form 表单,name 属性值为 QueryStdInfofrm,method 属性值为 post,action 属性值为 StdInfoRslt.jsp,表示由 StdInfoRslt.jsp 处理该表单的请求,因为在同级目录下,所以没有加路径。

第 10～22 行定义一个表格。其中第 17 行插入一个文本框,用于输入学号,其 name 属性值为 StdNo,在 request 对象中取值时以这个属性值作为参数获取提交的查询条件。第 20 行插入一个"查询"按钮,单击后向 StdInfoRslt.jsp 提交查询条件进行查询显示处理。

在 StdInfoMgmt 中创建 StdInfoRslt.jsp,代码如程序 6-6 所示。

程序 6-6 查询结果列表页面 StdInfoRslt.jsp

```
1.  <%@ page language = "java" contentType = "text/html; charset = UTF-8" import = "dao.*,
model.*,java.util.*"
2.      pageEncoding = "UTF-8"%>
3.  <!DOCTYPE html PUBLIC "-//W3C//DTD HTML 4.01 Transitional//EN" "http://www.w3.org/TR/
html4/loose.dtd">
4.  <html>
5.  <head>
6.  <meta http-equiv = "Content-Type" content = "text/html; charset = UTF-8">
7.  <title>查询结果列表</title>
8.  </head>
9.  <body>
10.    <%
11.        String StdNo = request.getParameter("StdNo");
12.        if(StdNo == null||StdNo.trim().equals("")){
13.            out.println("输入学号不正确!<br><a href = QueryStdInfo.jsp>返回</a>");
14.            return;
15.        }
16.        StudDao mystddao = new StudDao();
17.        List<Student> stdlist = mystddao.QueryStdInfobyid(StdNo);
18.    %>
19.    <h1 align = "center">学生名单</h1>
20.
21.    <table width = "600" border = "1" align = "center" cellpadding = "0"
```

```
22.              cellspacing = "0" bordercolor = " # 000000">
23.              < tr >
24.                  < td >< div align = "center">学号</div ></td >
25.                  < td >< div align = "center">姓名</div ></td >
26.                  < td >< div align = "center">年龄</div ></td >
27.                  < td >< div align = "center">专业</div ></td >
28.                  < td >< div align = "center">家乡</div ></td >
29.              </tr >
30.              < %
31.                  Student myStudent = new Student();
32.                  for (int i = 0; i < stdlist.size(); i++) {
33.                      myStudent = stdlist.get(i);
34.                      String stdNo = myStudent.getStdNo();
35.                      String StdName = myStudent.getStdName();
36.                      int StdAge = myStudent.getStdAge();
37.                      String StdMajor = myStudent.getStdMajor();
38.                      String StdHometown = myStudent.getStdHometown();
39.              % >
40.              < tr >
41.                  < td >< div align = "center">< % = stdNo % ></div ></td >
42.                  < td >< div align = "center">< % = StdName % ></div ></td >
43.                  < td >< div align = "center">< % = StdAge % ></div ></td >
44.                  < td >< div align = "center">< % = StdMajor % ></div ></td >
45.                  < td >< div align = "center">< % = StdHometown % ></div ></td >
46.              </tr >
47.              < %
48.                  }
49.              % >
50.          </table >
51. </body >
52. </html >
```

上面的代码与程序 6-3 类似,不同的地方是:

- 在第 11 行获取前台提交的学号保存到 StdNo 中。
- 第 12～15 行加了检查非空的校验,第 13 行中使用了超链接返回查询页面。
- 第 17 行调用 mystddao.QueryStdInfobyid(StdNo)方法进行查询,其他的代码基本没有变化。

参照之前的运行方法运行 QueryStdInfo.jsp,输入学号,如图 6-11(a)所示。单击"查询"按钮后提交,页面显示查询结果,如图 6-11(b)所示。

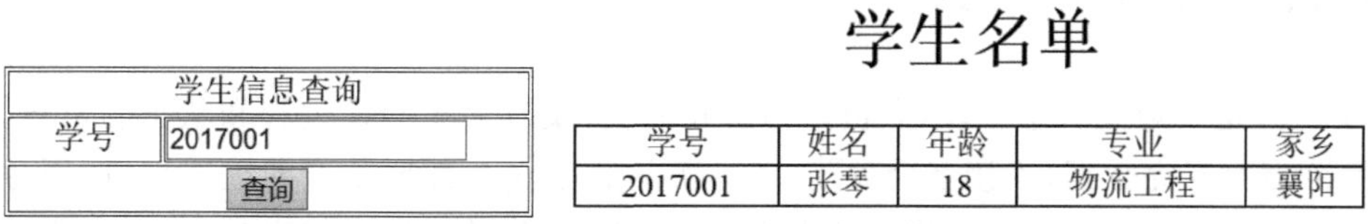

图 6-11　学生信息查询运行结果

(a) 输入学号;(b) 查询结果

6.3.3 response 对象

当用户访问一个服务器的页面时,会提交一个 HTTP 请求,服务器收到请求时,返回 HTTP 响应。request 对象封装了客户端的请求信息,response 对象处理向客户端响应的信息,一般是将服务器端处理的结果发送回客户端。

response 对象提供了几个用于设置送回浏览器响应的方法(如 Cookies、头信息等),其中比较常用的一个是设置 contentType 属性。前面介绍 JSP 指令标记 page 时提到可以设置页面的 contentType 属性,response 对象的 setContentType(String s)方法可以动态地改变 contentType 属性的值,常用于解决浏览器解码和中文乱码问题。

response 对象的其他方法因篇幅有限,不再介绍,具体使用时可以参考相关手册。

6.3.4 out 对象

out 对象的功能是向客户端页面输出数据流,把动态的内容插入 HTML 中进行展示。在前面的例子里曾使用 out 对象进行数据的输出,如程序 6-6 中的第 13 行向客户端浏览器输出提示和跳转超链接。

out 对象常用方法如下。

(1) out.print()或 out.println():用于输出参数值。

(2) out.newLine():输出一个换行符,开启新一行。

(3) out.flush():清空缓冲区,强制输出缓冲区内的数据。

(4) out.close():关闭流。

out.println()方法会向缓存区写入一个换行,而 out.print()方法不写入换行。但是浏览器的显示区域目前不识别 out.println()写入的换行。如果希望浏览器显示换行,应当向浏览器写入
实现换行。

进行流的操作时,先将数据读到缓冲区中,再写到文件或者客户端,数据读完后再调用 out.close()方法关闭流。由于不同的操作运行时间有差异,虽然数据读完了,但写入操作可能还没有结束,缓冲区中仍然有数据未写完,这是关闭流就会造成数据丢失。为了避免数据丢失,先调用 out.flush()方法强制把数据输出,缓冲区中的数据处理完后再调用 out.close()方法关闭流,同时也为其他输出让出缓冲空间,因此,out.flush()和 out.close()经常联合使用。

6.3.5 session 对象

HTTP 是一种无状态协议,只负责请求和响应,没有关于会话过程和状态的信息,浏览器和服务器交互完数据,连接就会关闭,每一次的数据交互都要重新建立连接,即服务器是无法辨别每次是和哪个浏览器进行数据交互的。随着互联网应用越来越广泛,应用的形式也变得越来越多,Web 应用不只限于提供简单的信息展现,还需要用户登录、发消息等,需要 HTTP 能够记录用户的状态,为此,HTTP 提供 session 机制。

session 在网络中被称为会话,服务器为每个用户都生成一个 session 对象,用于保存该用户的信息,跟踪用户的操作状态。通过 session 对象可以在应用程序的 Web 页面间进行跳转时保存用户的状态,使整个用户与服务器的网络会话一直持续下去,在用户关闭浏览器离开 Web 应用之前一直有效。如果在一个会话中,客户端长时间不向服务器发出请求,session 对象就会自动消失,这个时间取决于服务器设置的超时时间。

session 对象内部使用键值对(key/value)的形式来保存数据,value 可以是复杂的对象类型,而不仅仅局限于字符串类型。

session 对象是否能与用户建立起一对一的关系依赖于客户端浏览器是否支持 Cookie, Cookie 是客户端保存会话信息的机制。如果客户端不支持 Cookie,因为无法将会话 session id 保存在客户端,用户在不同网页之间的 session 对象可能是互不相同的。

session 的常用方法如下。

- setAttribute(String name,Object value):在 session 中设置属性,给指定名称的属性赋值。
- getAttribute(String name):获取指定属性的值。
- removeAttribute(String name):移除指定的属性。
- getCreationTime():获取 session 对象创建的时间。
- getLastAccessedTime():获取 session 对象上次被访问的时间。
- invalidate():使 session 对象失效。

后面章节中会结合登录功能的实现进一步介绍 session 的使用。

6.4　JavaBean

JavaBean 是一个可重复使用的软件组件,JavaBean 是一种 Java 类,通过封装属性和方法成为具有某种功能或者处理某个业务的对象,这类 Java 程序就是 JavaBean,简称 Bean。通过 JavaBean 可以无限扩充 Java 程序的功能,通过 JavaBean 的组合可以快速地生成新的应用程序。

JavaBean 分为可视组件和非可视组件。在 JSP 中主要使用非可视组件,就是没有 GUI 界面的 JavaBean。对于非可视组件,主要关心它的属性和方法。

在 JSP 程序中常用 JavaBean 封装事务逻辑、数据库操作等,可以很好地实现业务逻辑和前台程序的分离,使得系统具有更好的健壮性和灵活性。JSP 页面可以将数据的处理过程指派给一个或几个 JavaBean 来完成,即 JSP 页面调用 JavaBean 完成数据的处理,并将有关处理结果存放 JavaBean 中。JSP 页面负责数据展示,使用 Java 程序片段或某些 JSP 指令标记显示 JavaBean 中的数据,即 JSP 页面的主要工作是显示数据,不负责数据的逻辑业务处理。程序 6-3 中就应用了 JavaBean 使记录列表和数据读取进行了分离,JSP 不需要处理如何从数据库表中读取数据的操作。

一般在创建 JavaBean 时遵守以下规则。

(1) 如果类的成员变量的名字是 xxx,为了获取或更改成员变量的值,类中必须提供如下两个方法。

- getXxx():用来获取属性 xxx。

- setXxx()：用来修改属性 xxx。

也就是方法的名字用 get 或 set 为前缀，后缀是将成员变量名字的首字母大写的字符序列。

（2）对于 boolean 类型的成员变量，即布尔逻辑类型的属性，可以使用 is 代替上面的 get 和 set。

（3）方法的访问权限都是 public 的。

（4）构造方法必须是 public、无参数的。

在前面章节中介绍过，在 Eclipse 中，可以自动生成 get()和 set()方法，在此不再赘述。

6.5　小　　结

本章介绍了 JSP 基本语法、内置对象和 JavaBean，为后续学习 Servlet 和开发客户端与服务器端交互应用打基础。

读者需要了解和掌握以下内容：

（1）在 HTML 中如何嵌入 Java 代码，有哪些 JSP 标记。

（2）JSP 中 Java 程序片段和表达式的写法。

（3）从数据库表中读取数据显示在前台页面的方法。

（4）查询记录的处理过程。

（5）JSP 常用的内置对象。

（6）request 对象获取参数的方法。

（7）JavaBean 的基本概念和使用方法。

学习了本章知识后，读者可以进一步学习其他 JSP 内置对象、指令标记和动作标记，限于篇幅，本书不再介绍。

6.6　练　习　题

1. 在 Eclipse 中创建 Web 工程的步骤有哪些？

2. 如何创建文件夹？

3. 如何创建 JSP 文件？

4. 如何运行 Web 工程？

5. JSP 常用标记有哪些？

6. 如何在 JSP 中加入 Java 表达式？

7. 如何在 JSP 中加入 Java 程序片段？

8. 如何验证程序 6-1 运行结果中的时间是服务器的时间而不是访问客户端计算机的时间？

9. 如何将数据库表中的记录读取出来显示在页面？

10. 注释掉程序 6-6 中的第 12～15 行，在输入查询条件页面中不输入学号直接提交，考察程序运行状态。

11. 试编写代码在 session 中设置属性。

第 7 章

Servlet技术

7.1　白话 Servlet 与 Bean

我们去饭店吃饭,服务员站在饭店里迎候我们,引导我们进入座位,不管我们去不去,他们都会站在店里,随时准备为客人提供服务。

服务器端也运行着这样一些程序,随时准备对客户端的请求做出响应,不管现在是否有客户端提交请求,这些程序都在服务器端运行着。用 Java 语言开发的运行在服务器端随时准备响应客户端 HTTP 请求的程序称为 Servlet。

我们在饭店会点菜,写好点菜单交给负责点菜的服务员。在客户端表单中录入数据相当于填写点菜单,提交后台服务器处理相当于将点菜单交给负责点菜的服务员,在表单的action 属性中指明由负责点菜的服务员处理本次请求。

饭店里有负责点菜的服务员、负责收款的服务员,服务员的岗位不同,工作内容也不同。与此类似,不同的 Servlet 的功能也不同,每个 Servlet 都有自己的功能定义,向客户端提供相应的响应,客户端需要在提交请求时指明由哪个 Servlet 来响应请求,也就是由哪个Servlet 来接收提交的数据并返回响应信息。

菜单会交到厨房,由厨师按菜单做菜,做好后由上菜的服务员将菜放在餐桌上。客人需要找餐具、加椅子或者加水时会向服务员提出请求,服务员安排相关人员提供服务,从相关人员那里拿到客户需要的资源交给客户。就餐的过程中有以下几种现象。

- 厨师不知道也不需要知道这些菜是为哪些客人做的,他只负责将菜做好。
- 锅包肉、烤鸭等不同风味、不同类型的菜品由不同的厨师制作。
- 服务员不需要知道一道菜是由哪个厨师制作的。
- 与客户直接接触的服务员协调相关资源满足客户的需求。
- 客人点餐、结账等根据需求找不同的服务员。
- 客人不需要知道服务员都找了哪些资源来响应自己的请求。

客人就餐过程如图 7-1 所示。

这里,服务员相当于 Servlet,接收和解析客户提交的信息,根据客户的不同需求寻找不同的资源,生成响应返回客户,具有居中协调调度相关资源的作用。厨师、其他服务人员相当于完成各种业务操作的 Bean,接受任务,将完成结果交给 Servlet。不同的需求提交给不同的服务员,即不同的请求提交给不同的 Servlet。

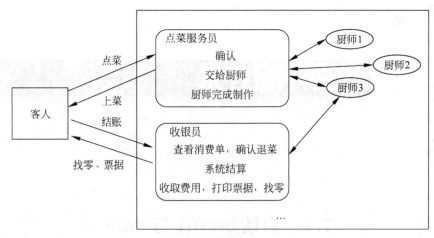

图 7-1　客户就餐过程

Servlet 与 Bean 协同响应客户端请求的过程如图 7-2 所示。客户端浏览器向服务器提交 request 请求,对应的 Servlet 接收请求,从 request 对象中获取相关参数,然后调用其他 Bean 完成后台业务逻辑处理,Bean 将执行结果返回 Servlet,Servlet 将这些处理结果处理后形成 response 返回客户端。不同的请求由不同的 Servlet 响应,有一些 Bean 可以被多个 Servlet 调用,提供公共业务处理服务。

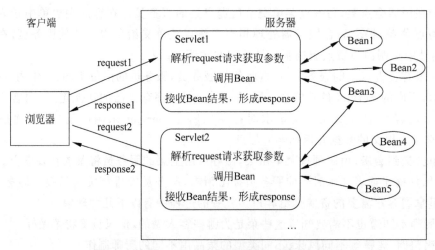

图 7-2　Servlet 与 Bean 协同响应客户端请求的过程

这些 Bean 中,有一类是与数据库交互进行数据存取,进一步扩展和封装,形成了数据库操作框架等。

前面介绍的 JSP 实际上就是先对 JSP 文件进行转码生成 Servlet 源代码文件,再对 Servlet 编译生成可运行代码,JSP 本质上是 Servlet。

在网络交互环境中,服务器端运行 Web 服务器,Web 服务器中集成了 HTTP 服务器、JSP 引擎和 Servlet 容器。HTTP 服务器负责接收 HTTP 访问,在网络访问中,有一些是不需要 JSP 和 Servlet 提供服务的,例如一些静态的网页,这时只需 HTTP 服务器处理相关请求。如果有动态内容生成的需求,JSP 引擎发挥作用,对 JSP 文件进行转码、编译,提供相关的动态网页服务。如果需要利用 Servlet 处理相关请求,则需要运行 Servlet 响应请求。所有的 Servlet 由 Servlet 容器进行管理,在请求时进行相关的资源匹配和资源分配。因为 JSP 最终编译成 Servlet,所以 JSP 引擎与 Servlet 容器协同工作来响应客户端的请求。有一些 Web 服务器需要单独集成配置 JSP 引擎和 Servlet 容器,有的已经集成了 JSP 引擎和 Servlet 容器,不需要用户再行配置,如 Tomcat 就集成了 HTTP 服务器、JSP 引擎和 Servlet 容器,使用起来比较方便。集成 HTTP 服务器、JSP 引擎和 Servlet 容器的 Web 应用服务器的框架结构如图 7-3 所示。框架中,各个部分负责相应的功能,在进行扩展时要根据需要对不同的部分进行改造,例如将来工作中要解决大量并发访问的问题,一般是在 HTTP 服务器做负载均衡。

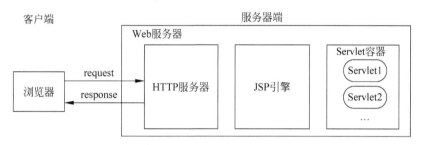

图 7-3　集成 HTTP 服务器、JSP 引擎和 Servlet 容器的 Web 应用服务器的框架结构

　　Servlet 容器在对 Servlet 进行管理时,通过一个配置表将网络接入 URL 与实际执行文件对应起来,这个配置表一般写在 web.xml 中,如果配置不正确,则会出现访问资源找不到的 404 错误。网络接入 URL 与实际执行文件对应关系如图 7-4 所示。前面提到,Servlet 是一种 Java 文件,编译后的可执行

图 7-4　网络接入 URL 与实际执行文件对应关系

文件是扩展名为 .class 的文件,在进行对应时,先将 .class 文件与 Servlet 对应,再将 URL 与 Servlet 对应,URL 是对外部提供资源接入的开放信息。通过这样的映射关系,当客户端请求一个 Servlet 时,如在表单中设置的 action 属性中设定 URL,服务器端接收到 URL 后在配置表中找到对应的 Servlet,再运行 Servlet 对应的 .class 文件。

7.2　Servlet 的工作过程

7.2.1　创建 Servlet

　　参考前面创建 Web 工程的方法和步骤,创建工程 chap7,将工程 chap6 中的 model、dao 和 dbmgmt 复制到 chap7 的 src 文件夹中,将工程 chap6 中的 studinfomgmt 复制到 chap7 的 WebContent 文件夹中,将工程 chap6 中的 WebContent/WEB-INF/lib/mysql-connector-java-5.1.18.jar 复制到 chap7 的 WebContent/WEB-INF/lib/文件夹中,在 mysql-connector-java-5.1.18.jar 上右击,在弹出的快捷菜单中选择 Build Path→Add to Build Path 命令。创建后的工程结构如图 7-5 所示。

在图 7-5 中的 src 上右击,在弹出的快捷菜单中选择 New→Servlet 命令,在弹出的对话框的 Java package 文本框中输入 stdinfo. stdsvlts,在 Class name 文本框中输入 AddStdInfosvlt,如图 7-6(a)所示。单击 Next 按钮,如图 7-6(b)所示。单击 Next 按钮,如图 7-6(c)所示,按图中所示选中 doPost 和 doGet 复选框。单击 Finish 按钮,在工程管理器中出现了新建的 stdsvlts,展开 stdsvlts 可以看到 AddStdInfosvlt. java 文件,如图 7-6(d)所示,同时 AddStdInfosvlt. java 自动在代码编辑器窗口中打开(如果没有在代码编辑器窗口中打开,可以双击 AddStdInfosvlt. java 文件)。

双击图 7-5 中的 WebContent\WEB-INF\web. xml,在编辑器窗口下方选择 Source 标签窗口,web. xml 代码如程序 7-1 所示。

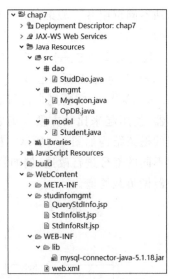

图 7-5 chap7 工程结构

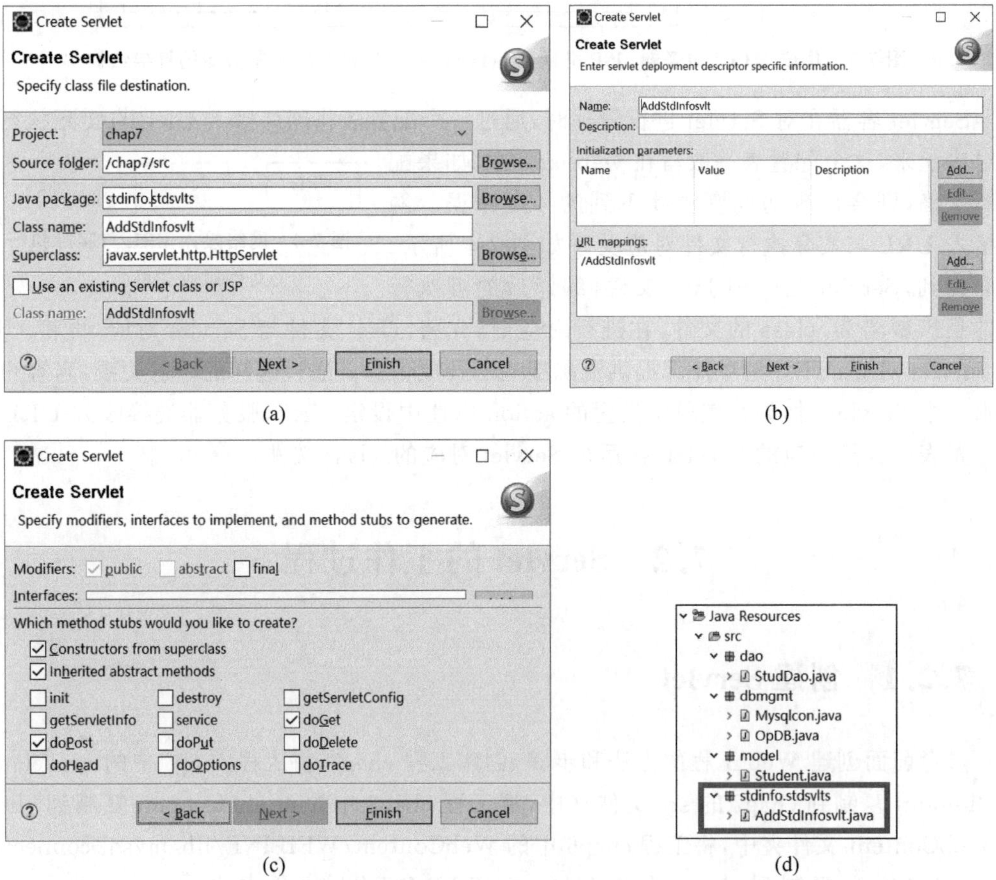

(a)

(b)

(c)

(d)

图 7-6 创建 Servlet

(a)输入类名;(b)设置 URL 映射;(c)选择自动创建方法;(d)创建完成

程序 7-1　web.xml 代码

```
1.   <?xml version = "1.0" encoding = "UTF - 8"?>
2.   < web - app xmlns:xsi = "http://www.w3.org/2001/XMLSchema - instance" xmlns = "http://
java.sun.com/xml/ns/javaee" xsi:schemaLocation = "http://java.sun.com/xml/ns/javaee http://
java.sun.com/xml/ns/javaee/web - app_2_5.xsd" id = "WebApp_ID" version = "2.5">
3.     < display - name > chap7 </display - name >
4.     < welcome - file - list >
5.       < welcome - file > index.html </welcome - file >
6.       < welcome - file > index.htm </welcome - file >
7.       < welcome - file > index.jsp </welcome - file >
8.       < welcome - file > default.html </welcome - file >
9.       < welcome - file > default.htm </welcome - file >
10.      < welcome - file > default.jsp </welcome - file >
11.    </welcome - file - list >
12.    < servlet >
13.      < description ></description >
14.      < display - name > AddStdInfosvlt </display - name >
15.      < servlet - name > AddStdInfosvlt </servlet - name >
16.      < servlet - class > stdinfo.stdsvlts.AddStdInfosvlt </servlet - class >
17.    </servlet >
18.    < servlet - mapping >
19.      < servlet - name > AddStdInfosvlt </servlet - name >
20.      < url - pattern >/AddStdInfosvlt </url - pattern >
21.    </servlet - mapping >
22.  </web - app >
```

web.xml 中,第 12～21 行是创建 Servlet 时开发工具自动生成的代码,这些代码就是前面介绍过的 Servlet 映射。

第 12～17 行是 Servlet 与 .class 文件的对应关系,这里是名称为 AddStdInfosvlt 的 Servlet 对应 stdinfo.stdsvlts.AddStdInfosvlt 类。

第 18～21 行是 Servlet 与网络接入 URL 的对应关系,第 20 行的 URL 与图 7-6(b)中的 URL mapping 值相同。Servlet 的网络接入 URL 是客户端访问 Servlet 的方式,在页面表单中的 action 属性值要与 Servlet 的网络接入 URL 一致,而不是与 Servlet 类名一致,初学者尤其要注意这一点,如果不正确会报 404 错误。

7.2.2　Servlet 代码结构

上面创建的 AddStdInfosvlt 代码如程序 7-2 所示。AddStdInfosvlt 继承了 HttpServlet,因此能够处理 HTTP 请求,可以用 doPost() 和 doGet() 两个方法,这两个方法也是开发自定义代码的入口。在客户端访问时提交的方法可能是 post 或者 get,为了能够处理两种请求,在 doPost() 方法代码中调用了 doGet() 方法。这两个方法的参数是 HttpServletRequest request 和 HttpServletResponse response,其他的底层数据处理已经封装好,不需要开发人员处理,开发人员需要做的是将自定义代码写在 doGet() 方法中(如果没有像下面代码一样在 doPost() 中调用 doGet() 方法,doPost() 方法和 doGet() 方法的代码要分别编写)。

程序 7-2 AddStdInfosvlt 代码

```java
package stdinfo.stdsvlts;

import java.io.IOException;
import javax.servlet.ServletException;
import javax.servlet.http.HttpServlet;
import javax.servlet.http.HttpServletRequest;
import javax.servlet.http.HttpServletResponse;

/**
 * Servlet implementation class AddStdInfosvlt
 */
public class AddStdInfosvlt extends HttpServlet {
    private static final long serialVersionUID = 1L;

    /**
     * @see HttpServlet#HttpServlet()
     */
    public AddStdInfosvlt() {
        super();
        //TODO Auto-generated constructor stub
    }

    /**
     * @see HttpServlet#doGet(HttpServletRequest request, HttpServletResponse response)
     */
    protected void doGet(HttpServletRequest request, HttpServletResponse response) throws
ServletException, IOException {
        //TODO Auto-generated method stub
        response.getWriter().append("Served at: ").append(request.getContextPath());
    }

    /**
     * @see HttpServlet#doPost(HttpServletRequest request, HttpServletResponse response)
     */
    protected void doPost(HttpServletRequest request, HttpServletResponse response) throws
ServletException, IOException {
        //TODO Auto-generated method stub
        doGet(request, response);
    }
}
```

7.2.3 获取客户端数据

为了考察和掌握 Servlet 的使用方法，下面以添加学生记录为例介绍获取前台数据的相关方法。

首先创建一个添加学生记录的 JSP 页面,参考前面创建 JSP 文件的步骤,在 WebContent\studinfomgmt 文件夹下创建一个 AddStdInfo.jsp,在代码中添加录入学生信息表格,代码如程序 7-3 所示。

程序 7-3 添加学生记录 AddStdInfo.jsp

```jsp
<% @ page language = "java" contentType = "text/html; charset = UTF - 8" pageEncoding = "UTF - 8" %>
<! DOCTYPE html PUBLIC " - //W3C//DTD HTML 4.01 Transitional//EN" "http://www.w3.org/TR/html4/loose.dtd">
< html >
< head >
< meta http - equiv = "Content - Type" content = "text/html; charset = UTF - 8">
< title >添加学生信息</title >
</head >
< body >
< form name = "AddStdInfofrm" method = "post" action = "<% = request.getContextPath( ) % >/AddStdInfosvlt">
< h1 align = "center">添加学生信息</h1 >
    < table width = "300" border = "0" align = "center" cellspacing = "0" cellpadding = "0">
      < tr >
        < td >学号</td>
        < td >< input type = "text" name = "stdNo" id = "stdNo"/></td >
      </tr >
      < tr >
        < td >姓名</td >
        < td >< input type = "text" name = "StdName" id = "StdName"/></td >
      </tr >
      < tr >
        < td >年龄</td >
        < td >< input type = "text" name = "StdAge" id = "StdAge"/></td >
      </tr >
      < tr >
        < td >专业</td >
        < td >< input type = "text" name = "StdMajor" id = "StdMajor"/></td >
      </tr >
      < tr >
        < td >家乡</td >
        < td >< input type = "text" name = "StdHometown" id = "StdHometown"/></td >
      </tr >
      < tr >
        < td colspan = '2' align = "center">< input type = "submit" name = "Submit" value = "提交"/>
</td>
      </tr >
    </table >
</form >
```

```
</body>
</html>
```

上面的代码中插入一个表单,其 action 属性设置为<%=request. getContextPath()%>/ AddStdInfosvlt,<%=request. getContextPath()%>的作用是获取访问根路径,后面是 Servlet 的 URL。如果 Servlet 的 URL 与 web. xml 中的映射不符,例如有的初学者直接输入了 Java 源代码中的类名,运行时会报资源找不到的 404 错误。

修改 AddStdInfosvlt 中 doGet()方法代码如下。接收前台传输的参数的方法在前面介绍过,就是通过 request 的 getParameter()方法获取,参数是前台页面中的元素名, getParameter()方法获取的返回值是字符串 String 类型。这里先获取学生信息的各项数据,并保存到对应的变量中,其中年龄因为在数据表中是数值型,所以要先获取年龄数据的字符串,再对字符串进行数据类型转换。为了检查获取的数据是否正确,将各个变量中的数据打印输出到控制台便于检查。

```
protected void doGet (HttpServletRequest request, HttpServletResponse response) throws
ServletException, IOException {
    String stdNo = request.getParameter("stdNo");
    String StdName = request.getParameter("StdName");
    String StdAgeStr = request.getParameter("StdAge");
    int StdAge = Integer.parseInt(StdAgeStr);      //将获取的字符串转换为整型
    String StdMajor = request.getParameter("StdMajor");
    String StdHometown = request.getParameter("StdHometown");
    System.out.println("stdNo:" + stdNo + ", StdName:" + StdName + ", StdAge:" + StdAge + ",
StdMajor:" + StdMajor + ", StdHometown:" + StdHometown);
}
```

保存代码,编译整个工程,运行 AddStdInfo. jsp,考察控制台输出结果。

7.2.4　保存数据并返回客户端

下面在 Servlet 中调用 Dao 层方法将学生信息保存到数据表中,然后将处理结果返回前台。对 AddStdInfosvlt 中的 doGet()方法修改后的代码如程序 7-4 所示,其他代码保持不变。注意,修改代码后需要导入以下几个类:

```
import java.io.PrintWriter;
import model.Student;
import dao.StudDao;
import stdinfo.common.CheckData;
```

程序 7-4　对 AddStdInfosvlt 中的 doGet()方法修改后的代码

```
1.    protected void doGet(HttpServletRequest request, HttpServletResponse response) throws
ServletException, IOException {
2.        request.setCharacterEncoding("UTF - 8");                //设置 request 编码
3.        String CONTENT_TYPE = "text/html; charset = UTF - 8";
4.        response.setContentType(CONTENT_TYPE);                //设置 response 的 ContentType
5.        response.setCharacterEncoding("UTF - 8");              //设置 response 编码
6.        PrintWriter out = response.getWriter();                //response 输出流
```

```
7.       //获取前台参数
8.       String stdNo = request.getParameter("stdNo");
9.       String StdName = request.getParameter("StdName");
10.      String StdMajor = request.getParameter("StdMajor");
11.      String StdHometown = request.getParameter("StdHometown");
12.      String StdAgeStr = request.getParameter("StdAge");
13.      String retUrlAdd = request.getContextPath() + "/studinfomgmt/AddStdInfo.jsp";
14.      //检查年龄数据有效性
15.      CheckData mych = new CheckData();
16.      boolean isNumeric = mych.isNumeric(StdAgeStr);
17.      if(!isNumeric){
18.          System.out.println("年龄 StdAge: " + StdAgeStr + "输入了非数值字符!");
19.          out.println("年龄: " + StdAgeStr + "输入了非数值字符!<br><a href=" +
retUrlAdd + ">返回</a>");
20.          return;
21.      }
22.      int StdAge = Integer.parseInt(StdAgeStr);            //将获取的字符串转换为整型
23.      int isAgeok = mych.checkstdAge(StdAge);
24.      if ( isAgeok == -1) {
25.          System.out.println("年龄 StdAge: " + StdAge + "超出学生年龄范围!");
26.          out.println("年龄: " + StdAge + "超出学生年龄范围 6~35!<br><a href=" +
retUrlAdd + ">返回</a>");
27.          return;
28.      }
29.      System.out.println("stdNo:" + stdNo + ", StdName:" + StdName + ", StdAge:" + StdAge + ",
StdMajor:" + StdMajor + ", StdHometown:" + StdHometown);
30.      //调用 Dao 层方法保存记录到数据库表中
31.      Student myStudent = new Student(stdNo, StdName, StdAge, StdMajor, StdHometown);
32.      StudDao myDao = new StudDao();
33.      int affectedrows = myDao.addStdInfo(myStudent);
34.
35.      //返回前台
36.      if(affectedrows == 1){        //添加成功,返回记录列表页面查看添加后的结果
37.          response.sendRedirect(request.getContextPath() + "/studinfomgmt/StdInfolist.jsp");
38.      }else {                       //添加不成功,返回添加记录页面
39.          response.sendRedirect(retUrlAdd);
40.      }
41. }
```

上面代码中,第 2 行设置 request 编码。

第 4 行设置 response 的 ContentType 为"text/html; charset＝UTF-8"。

第 6 行获取向客户端输出 out 对象,用于返回相关消息。

第 8~12 行获取向客户端输提交的数据。

第 13 行 retUrlAdd 保存返回添加记录页面的 URL。

第 15~28 行对年龄信息进行有效性检查,创建了一个检查类 CheckData,分别调用其中的 isNumeric()方法检查前台传递的年龄是否都是数字、checkstdAge()检查年龄是否超出 6~35 这个范围。

第 19、26 行,当数据不符时向前台页面输出提示信息,并通过超链接跳转回添加记录页

面,并返回,不再运行后面的代码。

第 31 行将获取的数据封装到 Student 类型对象 myStudent 中。

第 32 行实例化 StudDao 类型对象 myDao。

第 33 行将 myStudent 作为参数调用 myDao 的 addStdInfo()方法保存数据到数据库表中,返回保存数据操作处理结果,这里是添加的记录数,如果添加成功,应该添加一条记录,返回值是 1,如果有重复记录,返回值是-1。

第 36～40 行,根据添加记录的结果返回前台。如果添加成功,重定向到学生基本信息记录列表页面,否则返回到添加学生基本信息页面。

年龄有效性检查的 CheckData 代码如程序 7-5 所示,有判断字符串是否全是数字的 isNumeric()和检查年龄范围的 checkstdAge()方法。

程序 7-5　年龄有效性检查 CheckData

```java
package stdinfo.common
public class CheckData {
    //判断字符串是否全是数字
    public boolean isNumeric(String str) {
        for (int i = 0; i < str.length(); i++) {
            if (!Character.isDigit(str.charAt(i))) {
                return false;
            }
        }
        return true;
    }
    //检查年龄范围是否在 6～35,若超出范围则返回 0,若在年龄范围内则返回 1
    public int checkstdAge(int age){
        if(age < 6||age > 35){      //年龄不在 6～35
            return -1;
        }
        return 1;
    }
}
```

7.2.5　response 重定向和 request 请求转发

返回前台根据添加是否成功分成两种情况:一种是添加成功,返回学生信息列表页面,可以查看到添加后的记录;另一种是由于有重复记录等原因添加失败,返回到添加记录页面。

返回前台有 response 重定向和 request 请求转发两种方式,程序 7-4 中返回前台时采用了重定向方式。当一个学生去补办学生证,首先向工作人员张三 servlet1 提出申请,servlet1 审查相关材料后,告诉学生要找李四 servlet2 办理下一步手续,学生找到李四 servlet2 提交材料,李四 servlet2 办完证后交给学生,完成整个学生证补办过程,如图 7-7(a)所示。这个过程中:

- 浏览器地址栏的值会变成 servlet2 的 URL。

- 不会携带 request,即客户端提交的数据无法重定向。
- 客户端发起两次请求。
- 重定向可以在不同的服务器下完成。

response 重定向的方法是 response. sendRedirect(url)。

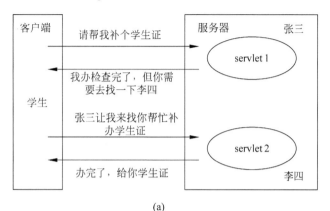

(a)

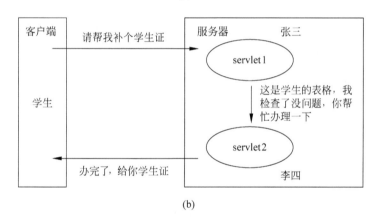

(b)

图 7-7　response 重定向和 request 请求转发原理

(a) response 重定向；(b) request 请求转发

如果上述补办学生证的过程做了调整,学生向张三 servlet1 提出申请,servlet1 审查相关材料后,将相关材料直接转交给李四 servlet2,李四 servlet2 办证后交给学生,这就是 request 请求转发,如图 7-7(b)所示。这个过程中:

- 浏览器地址栏不会改变。
- 会携带 request,即客户端提交的数据会同时转交。
- 客户端发起一次请求。
- 转发必须是在同一台服务器下完成。

request 请求转发的方法是"request. getRequestDispatcher("待访问 servlet/JSP"). forward(request, response);"。

当一个收到客户端的请求后,如果希望另外一个资源对请求信息做进一步处理,可以通过 request 请求转发实现。

综上,添加学生基本信息程序运行的流程如图 7-8 所示。

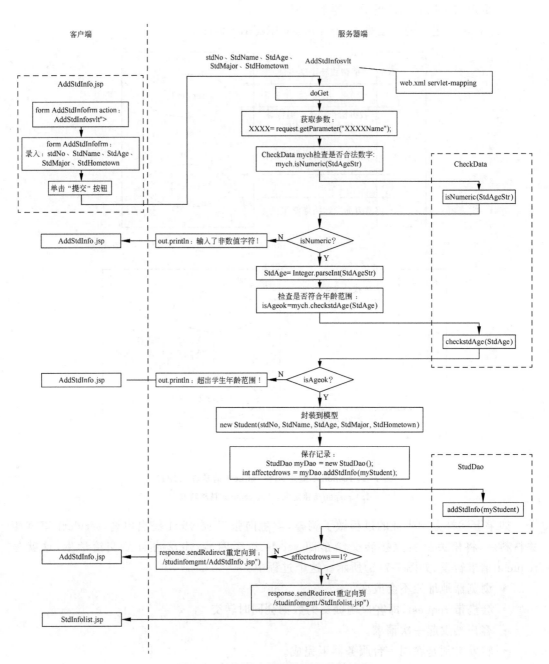

图 7-8 添加学生基本信息程序的流程

7.3 Servlet 过滤器

7.3.1 Servlet 过滤器简介

过滤器是对客户端请求进行拦截,根据需要做一些处理后再交给下一个过滤器或 Servlet 处理,通常用来对 request 拦截进行处理,也可以对返回的 response 进行拦截处理。过滤器的功能就是在应用程序和客户端中间增加了一个中间层,可以对两者之间的交互进行统一的处理,如字符转换编码或者判断登录状态等,然后再进行其他操作。

过滤器可以对所有的访问和请求进行统一处理,也可以只对部分资源的请求进行处理,在过滤器配置表中设置拦截的资源。

在本节以登录为例,介绍过滤器的原理的实际应用。

7.3.2 创建 Servlet 过滤器

在图 7-5 中的 src 上右击,在弹出的快捷菜单中选择 New→filter 命令,在弹出的对话框的 Java package 文本框中输入 sysmgnt,在 Class name 文本框中输入 LoginFilter,如图 7-9(a) 所示。单击 Next 按钮,如图 7-9(b) 所示。单击 Finish 按钮,在工程管理器中出现了新建的 LoginFilter.java 文件,同时 LoginFilter.java 自动在代码编辑器窗口中打开(如果没有在代码编辑器窗口中打开,可以双击 LoginFilter.java 文件)。

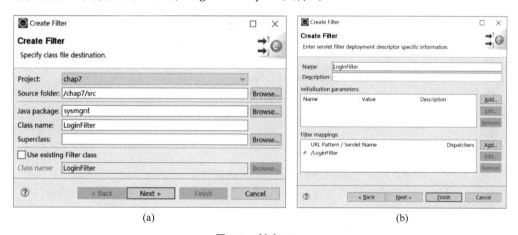

图 7-9 创建 filter

(a) 输入类名;(b) 设置 URL 映射

打开 web.xml 文件,可以看到在文件的尾部添加了与 Servlet 类似的 filter 映射,如程序 7-6 所示。

程序 7-6 filter 映射

```
1.  <filter>
2.     <display-name>LoginFilter</display-name>
```

```
3.       < filter - name > LoginFilter </filter - name >
4.        < filter - class > sysmgnt. LoginFilter </filter - class >
5.    </filter >
6.    < filter - mapping >
7.        < filter - name > LoginFilter </filter - name >
8.        < url - pattern >/LoginFilter </url - pattern >
9.    </filter - mapping >
```

这里是要对所有访问进行拦截,判断是否登录,因此,将第8行修改为:

```
< url - pattern >/ * </url - pattern >
```

其中, * 为通配符,表示对所有资源的访问进行过滤,也就是所有的访问都要经过 LoginFilter 的处理,在实际工作中,可以根据需要拦截的资源访问创建对应的过滤器。

LoginFilter. java 的代码如程序 7-7 所示。doFilter()方法是自定义代码的入口,需要将 拦截的规则等代码添加到这个方法中。

程序 7-7　登录过滤器 LoginFilter

```
1.    package sysmgnt;
2.
3.    import java. io. IOException;
4.    import javax. servlet. Filter;
5.    import javax. servlet. FilterChain;
6.    import javax. servlet. FilterConfig;
7.    import javax. servlet. ServletException;
8.    import javax. servlet. ServletRequest;
9.    import javax. servlet. ServletResponse;
10.
11.   / **
12.    * Servlet Filter implementation class LoginFilter
13.    * /
14.   public class LoginFilter implements Filter {
15.
16.      / **
17.       * Default constructor.
18.       * /
19.      public LoginFilter() {
20.          //TODO Auto - generated constructor stub
21.      }
22.
23.      / **
24.       * @see Filter # destroy()
25.       * /
26.      public void destroy() {
27.          //TODO Auto - generated method stub
28.      }
29.
30.      / **
31.       * @see Filter # doFilter(ServletRequest, ServletResponse, FilterChain)
32.       * /
```

```
33.      public void doFilter(ServletRequest request, ServletResponse response, FilterChain
chain) throws IOException, ServletException {
34.          //TODO Auto－generated method stub
35.          //place your code here
36.
37.          //pass the request along the filter chain
38.          chain.doFilter(request, response);
39.      }
40.
41.      /**
42.       * @see Filter♯init(FilterConfig)
43.       */
44.      public void init(FilterConfig fConfig) throws ServletException {
45.          //TODO Auto－generated method stub
46.      }
47.
48. }
```

后面在实现登录时再修改这个代码。

7.4　MVC 模式

7.4.1　MVC 模式简介

在前面的学生记录列表、添加学生记录的功能实现中,可以看出,处理过程包括数据存取、数据展示、资源调度控制三个方面的内容,为了更好地实现功能,需要把这些工作进行适当分离,避免耦合,提高代码的模块化、结构化和可维护性。一个比较重要的模式是模型-视图-控制器模式(Model-View-Controller 模式,MVC 模式)。

- Model(模型)。模型持有所有的数据、状态和程序逻辑。模型独立于视图和控制器。模型主要体现在数据的载体 Java 普通类(Plain Ordinary Java Object,POJO)和产生数据的 Service 层和 Dao 层。POJO 常表现为简单的实体类,POJO 类的作用是方便使用数据库中的数据表或者程序中的数据集合,如前面的 Student。
- View(视图)。视图用来呈现模型,视图通常直接从模型中取得它需要显示的状态域数据,如前面显示学生信息记录的 JSP。
- Controller(控制器)。控制器位于视图和模型中间,控制数据流向模型对象,负责接收用户的输入,将输入进行解析并反馈给模型,通常一个视图具有一个控制器,主要体现在 Servlet 上。

MVC 模式的主要思想是把应用程序分层开发,将显示、数据处理和控制进行分离。

MVC 模式的优点如下。

(1) 耦合性低。

视图层和业务层分离,更改视图层代码后不修改模型和控制器代码,同样,因为模型与控制器和视图相分离,一个应用的业务流程或者业务规则的改变只需要改动 MVC 的模型层即可。

（2）重用性高。

MVC 模式提高了代码的重用性，业务处理的 Bean、模型等都具有很高的重用性。例如，多个视图能共享一个模型，允许使用各种不同样式的视图来访问同一个服务器端的代码，比如，用户可以通过计算机也可通过手机来订购商品，虽然订购的方式不一样，但后台处理订购商品的方式是一样的。

（3）开发效率高。

MVC 模式使开发的技术需求分离，方便开发人员分工协作，提高开发效率，使开发后台业务模块的程序员（Java 开发人员）集中精力于业务逻辑，界面程序员（HTML 和 JSP 开发人员）集中精力于表现形式上，使用 MVC 模式能够减少系统开发时间。

（4）可维护性高。

分离视图层和业务逻辑层也使得 Web 应用更易于维护和修改。

7.4.2　JSP＋Servlet＋Bean＋Dao 框架

这里介绍 MVC 模式的一个 JSP＋Servlet＋Bean＋Dao 框架实现，如图 7-10 所示。在这个框架中，在 JSP 与 Servlet、Servlet 与 Dao 和 JSP 与 Dao 之间通过 Model 传递数据。图 7-10 中的框架实现了各层的分离，各层的修改对其他层影响较小，例如，更换数据库，JSP、Servlet 和 Dao 都不用修改，只需要修改 DbBean 中的部分代码。

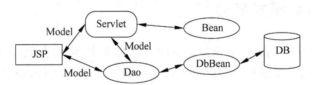

图 7-10　JSP＋Servlet＋Bean＋Dao 框架

前面添加记录的实现就采用了 JSP＋Servlet＋Bean＋Dao 框架，其工作过程如图 7-11 所示。

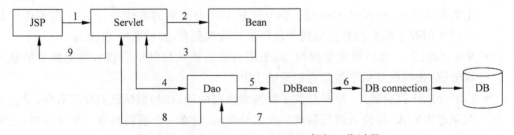

图 7-11　JSP＋Servlet＋Bean＋Dao 框架工作过程

（1）JSP 向 Servlet 提交数据。

（2）Servlet 根据需要调用其他 Bean，如进行有效性检查等处理。

（3）其他 Bean 将执行结果返回 Servlet。

（4）Servlet 调用 Dao。

（5）Dao 生成待执行的 SQL 语句,并以 SQL 语句作为参数调用数据库操作的 DbBean（如前面介绍的 OpDB）。

（6）本书中 DbBean 的 OpDB 继承了实现 DB connection 功能的 mysqlcon,这里是 DbBean 与 DB connection 协同访问数据库 DB。

（7）DbBean 将 SQL 语句的执行结果返回 Dao,封装在 Model 中。

（8）Dao 将业务处理结果返回 Servlet。

（9）Servlet 重定向到记录列表 JSP。在其他的应用中,也可以将相关数据返回 JSP 进行显示。

上面的过程中,JSP 的功能是与用户界面交互,不参与数据的组织、数据库访问等。Servlet 负责组织相关的后台资源响应请求,生成前台请求的数据。Dao 在模型的协助下生成数据库执行命令,交给 DbBean 执行。整个框架中相关的部分各司其职,实现了视图、控制与数据的分离,提高了系统的维护性能。

7.5　学生基本信息管理系统示例

7.5.1　修改记录

前面已经实现了学生信息的列表、查询和添加,下面实现学生记录的修改功能。修改记录与添加记录的不同之处是先把记录从数据库表中读取出来显示在修改页面,修改后提交后台保存记录。

在从数据表中读取拟修改数据时,可以采用前面介绍的输入查询条件或者从下拉列表中选择的方法查询记录,但这种方式要求使用者要先记住查询条件信息,例如学号,如果不知道学号,则无法查询到记录,使用起来不方便。另一种方法是将记录列表显示,从中选择拟修改记录进行修改。第二种方式比前一种方式更便捷,下面采用这种方式进行记录的修改。

为了便于初学者学习,本例中列表采用超链接的方式跳转到修改记录页面,工作过程如图 7-12 所示。

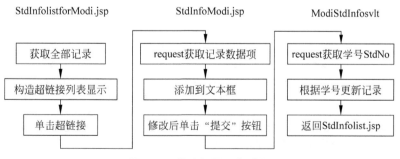

StdInfolistforModi.jsp　　　　StdInfoModi.jsp　　　　ModiStdInfosvlt

获取全部记录	request获取记录数据项	request获取学号StdNo
构造超链接列表显示	添加到文本框	根据学号更新记录
单击超链接	修改后单击"提交"按钮	返回StdInfolist.jsp

图 7-12　修改记录工作过程

列表页面 StdInfolistforModi.jsp 代码如程序 7-8 所示。

程序 7-8 列表页面 StdInfolistforModi.jsp

```
1.  <%@ page language = "java" contentType = "text/html; charset = UTF - 8"
2.      import = "dao. * ,model. * ,java.util. * " pageEncoding = "UTF - 8" %>
3.  <!DOCTYPE html PUBLIC " - //W3C//DTD HTML 4.01 Transitional//EN" "http://www.w3.org/TR/
    html4/loose.dtd">
4.  <html>
5.  <head>
6.  <meta http - equiv = "Content - Type" content = "text/html; charset = UTF - 8">
7.  <title>学生信息列表</title>
8.  </head>
9.  <body>
10.     <%
11.         StudDao mystddao = new StudDao();
12.         List<Student> stdlist = mystddao.QueryStdInfoAll();
13.     %>
14.     <h1 align = "center">学生名单</h1>
15.
16.     <table width = "600" border = "1" align = "center" cellpadding = "0"
17.         cellspacing = "0" bordercolor = "#000000">
18.         <tr>
19.             <td><div align = "center">学号</div></td>
20.             <td><div align = "center">姓名</div></td>
21.             <td><div align = "center">年龄</div></td>
22.             <td><div align = "center">专业</div></td>
23.             <td><div align = "center">家乡</div></td>
24.             <td><div align = "center">操作</div></td>
25.         </tr>
26.         <%
27.             Student myStudent = new Student();
28.             for (int i = 0; i < stdlist.size(); i++) {
29.                 myStudent = stdlist.get(i);
30.                 String stdNo = myStudent.getStdNo();
31.                 String StdName = myStudent.getStdName();
32.                 int StdAge = myStudent.getStdAge();
33.                 String StdMajor = myStudent.getStdMajor();
34.                 String StdHometown = myStudent.getStdHometown();
35.         %>
36.         <tr>
37.             <td><div align = "center"><% = stdNo %></div></td>
38.             <td><div align = "center"><% = StdName %></div></td>
39.             <td><div align = "center"><% = StdAge %></div></td>
40.             <td><div align = "center"><% = StdMajor %></div></td>
41.             <td><div align = "center"><% = StdHometown %></div></td>
42.             <td><div align = "center"><a href = "StdInfoModi.jsp?stdNo = <% = stdNo %>
    &StdName = <% = StdName %> &StdAge = <% = StdAge %> &StdMajor = <% = StdMajor %> &StdHometown =
    <% = StdHometown %>">编辑</a></div></td>
43.         </tr>
44.         <%
45.             }
46.         %>
```

```
47.     </table>
48. </body>
49. </html>
```

上面的代码与前面的列表程序 6-3 代码类似,不同之处是增加一个操作列,第 42 行为记录项超链接,指向 StdInfoModi.jsp。在向 StdInfoModi.jsp 传递数据时采用 URL 传参的方式,即问号"?"后面是参数名=参数值,如果有多个参数用 & 符号连接。注意,参数值不能有空格等特殊字符,如果有空格需要用＋号或者％20 代替,也可以采用 URL 编码的方式进行处理。

修改记录页面 StdInfoModi.jsp 代码如程序 7-9 所示。

程序 7-9　修改记录页面 StdInfoModi.jsp

```
1.  <%@ page language = "java" contentType = "text/html; charset = UTF - 8"
2.      pageEncoding = "UTF - 8" %>
3.  <! DOCTYPE html PUBLIC " - //W3C//DTD HTML 4.01 Transitional//EN" "http://www.w3.org/TR/
html4/loose.dtd">
4.  < html >
5.  < head >
6.  < meta http - equiv = "Content - Type" content = "text/html; charset = UTF - 8">
7.  < title >编辑学生信息</title >
8.  </head >
9.  < body >
10. <%
11. //获取前台参数
12. String stdNo = request.getParameter("stdNo");
13. String StdName = request.getParameter("StdName");
14. String StdAgeStr = request.getParameter("StdAge");
15. int StdAge = Integer.parseInt(StdAgeStr);        //将获取的字符串转换为整型
16. String StdMajor = request.getParameter("StdMajor");
17. String StdHometown = request.getParameter("StdHometown");
18. System.out.println("stdNo:" + stdNo + ", StdName:" + StdName + ", StdAge:" + StdAge + ",
StdMajor:" + StdMajor + ", StdHometown:" + StdHometown);
19. %>
20. < form name = "Modifrm" method = "post" action = "<% = request.getContextPath() % >/
ModiStdInfosvlt">
21. < h1 align = "center">编辑学生信息</h1 >
22.     < table width = "200" border = "0" align = "center" cellspacing = "0" cellpadding = "0">
23.       < tr >
24.         < td >学号</td>
25.         < td ><% = stdNo %></td>
26.       </tr>
27.       < tr >
28.         < td >姓名</td>
29.         < td >< input type = "text" name = "StdName" value = "<% = StdName % >" id =
"StdName"/></td>
30.       </tr>
31.       < tr >
32.         < td >年龄</td>
33.         < td >< input type = "text" name = "StdAge" value = "<% = StdAgeStr % >" id =
```

```
"StdAge"/></td>
34.      </tr>
35.      <tr>
36.        <td>专业</td>
37.        <td><input type = "text" name = "StdMajor" value = "<% = StdMajor%>" id =
"StdMajor"/></td>
38.      </tr>
39.      <tr>
40.        <td>家乡</td>
41.        <td><input type = "text" name = "StdHometown" value = "<% = StdHometown%>" id =
"StdHometown"/></td>
42.      </tr>
43.      <tr>
44.        <td colspan = '2' align = "center"><input type = "submit" name = "Submit" value = "提
交"/></td>
45.      </tr>
46.    </table>
47.    <input type = "hidden" name = "stdNo" value = "<% = stdNo%>"id = "stdNo"/>
48. </form>
49. </body>
50. </html>
```

程序 7-9 的代码与程序 7-3 的代码类似,不同之处是加入了获取参数 Java 片段,各文本
框设置了初始值显示原记录各项。因为学号是不能修改的主键,所以没有使用文本框,直接
显示在页面中。在后台更新记录的条件是根据学号确定要更新的记录,但没有使用文本框,
后台无法获取学号,为此,将学号添加到隐藏域中,如第 47 行所示,这样在 Servlet 中就可以
获取到学号。在使用隐藏域时要注意,隐藏域要位于 form 结束标记前,也就是<form>和
</form>中间。注意,由于是通过 URL 传递参数,第 13、16、17 行在获取前台数据时可根
据情况进行转码,避免出现中文乱码等问题。

参考前面的方法在 stdinfo. stdsvlts 包中创建后台更新记录 Servlet ModiStdInfosvlt,
修改 doGet()代码如程序 7-10 所示。修改代码后,需要导入两个类:

```
import model.Student;
import dao.StudDao;
```

记录更新代码与添加记录的程序 7-2 AddStdInfosvlt 类似,不同之处是第 2 行为了避
免出现前后台解码混乱(如中文乱码等)设置 request 编码为 UTF-8,第 18 行调用更新方法
myDao. updateStdinfo(),第 21 行返回到学生记录列表页面 StdInfolist. jsp。

程序 7-10 更新记录 ModiStdInfosvlt

```
1.   protected void doGet(HttpServletRequest request, HttpServletResponse response) throws
ServletException, IOException {
2.     request.setCharacterEncoding("UTF - 8");        //设置 request 编码,避免出现如中文乱码
                                                        //等问题
3.     String CONTENT_TYPE = "text/html; charset = UTF - 8";
4.     response.setContentType(CONTENT_TYPE);           //因有消息传递到前台,设置 response 的
                                                        //CONTENT_TYPE,避免出现如中文乱码等问题
5.
6.     //获取前台参数
7.     String stdNo = request.getParameter("stdNo");
```

```
8.       String StdName = request.getParameter("StdName");
9.       String StdAgeStr = request.getParameter("StdAge");
10.       int StdAge = Integer.parseInt(StdAgeStr); //将获取的字符串转换为整型
11.       String StdMajor = request.getParameter("StdMajor");
12.       String StdHometown = request.getParameter("StdHometown");
13.       System.out.println("stdNo:" + stdNo + ", StdName:" + StdName + ", StdAge:" + StdAge + ",
StdMajor:" + StdMajor + ", StdHometown:" + StdHometown);
14.
15.       //调用 Dao 层方法保存记录到数据库表中
16.       Student myStudent = new Student(stdNo, StdName, StdAge, StdMajor, StdHometown);
17.       StudDao myDao = new StudDao();
18.       int affectedrows = myDao.updateStdinfo(myStudent);
19.
20.       //返回记录列表页面
21.       response.sendRedirect(request.getContextPath() + "/studinfomgmt/StdInfolist.jsp");
22.  }
```

保存文件,编译工程,运行 StdInfolistforModi.jsp,考察程序运行结果。

7.5.2　导航

到此,学生信息的增加、修改和查询功能都已经实现,还需要增加导航功能。为了简单起见,这里以框架页的方式实现导航。

将页面窗口划分成先上下再左右三个区域,上面为 logo 区,下面左侧为导航,右侧为信息展示区。

在 WebContent 文件夹中创建子文件夹 stdhome,在 stdhome 中创建 StdNv.jsp 文件,修改代码如程序 7-11 所示。

程序 7-11　导航框架页 StdNv.jsp

```
<%@ page language = "java" contentType = "text/html; charset = UTF - 8"
    pageEncoding = "UTF - 8" %>
<!DOCTYPE html PUBLIC " - //W3C//DTD HTML 4.01 Transitional//EN" "http://www.w3.org/TR/html4/
loose.dtd">
< html >
< head >
< meta http - equiv = "Content - Type" content = "text/html; charset = UTF - 8">
< title >学生基本信息管理系统</title >
</head >
< frameset rows = "15 % , * " cols = " * " frameborder = "yes" border = "5" framespacing = "0">
  < frame src = " <% = request.getContextPath ( ) % >/stdhome/top.jsp" name = " topFrame"
scrolling = "NO" noresize >
    < frameset cols = "15 % , * " frameborder = "yes" border = "5" framespacing = "0">
      < frame src = " <% = request.getContextPath() % >/stdhome/left.jsp" name = "leftFrame"
scrolling = "NO" noresize >
      < frame src = " <% = request.getContextPath() % >/stdhome/welcome.jsp" name = "mainFrame">
    </frameset >
</frameset >
< noframes >
< body >您的浏览器无法处理框架!</body >
```

```
</noframes>
</html>
```

在 stdhome 中创建 top.jsp 文件,修改代码如程序 7-12 所示。

程序 7-12　logo 页 top.jsp

```
<% @ page language = "java" contentType = "text/html; charset = UTF - 8"
    pageEncoding = "UTF - 8" %>
<! DOCTYPE html PUBLIC " - //W3C//DTD HTML 4.01 Transitional//EN" "http://www.w3.org/TR/html4/
loose.dtd">
< html >
< head >
< meta http - equiv = "Content - Type" content = "text/html; charset = UTF - 8">
< title >学生基本信息管理系统</title >
</head >
< body >
< h1 align = "center">学生基本信息管理系统</h1 >
</body >
</html >
```

在 stdhome 中创建 left.jsp 文件,修改代码如程序 7-13 所示。

程序 7-13　左侧导航 left.jsp

```
<% @ page language = "java" contentType = "text/html; charset = UTF - 8"
    pageEncoding = "UTF - 8" %>
<! DOCTYPE html PUBLIC " - //W3C//DTD HTML 4.01 Transitional//EN" "http://www.w3.org/TR/html4/
loose.dtd">
< html >
< head >
< meta http - equiv = "Content - Type" content = "text/html; charset = UTF - 8">
< title > Insert title here </title >
</head >
< body >
< table width = "300" border = "0" cellspacing = "0" cellpadding = "0">
  < tr >
    < td >< a href = "../studinfomgmt/StdInfolist.jsp" target = "mainFrame">学生基本信息列表
</a ></td >
  </tr >
  < tr >
    < td >< a href = "../studinfomgmt/QueryStdInfo.jsp" target = "mainFrame">查询学生基本信息
</a ></td >
  </tr >
  < tr >
    < td >< a href = "../studinfomgmt/AddStdInfo.jsp" target = "mainFrame">添加学生基本信息
</a ></td >
  </tr >
  < tr >
    < td >< a href = "../studinfomgmt/StdInfolistforModi.jsp" target = "mainFrame">修改学生基
本信息</a ></td >
  </tr >
</table >
```

```
</body>
</html>
```

在 stdhome 中创建 welcome.jsp 文件,修改代码如程序 7-14 所示。

程序 7-14 工作区初始页面 welcome.jsp

```
<%@ page language = "java" contentType = "text/html; charset = UTF-8"
    pageEncoding = "UTF-8"%>
<!DOCTYPE html PUBLIC " - //W3C//DTD HTML 4.01 Transitional//EN" "http://www.w3.org/TR/html4/
loose.dtd">
<html>
<head>
<meta http-equiv = "Content-Type" content = "text/html; charset = UTF-8">
<title>学生基本信息管理</title>
</head>
<body style = " background: url(../image/welcome.jpg) ; background-size: 40% 100% ;
background-attachment: fixed; background-repeat:no-repeat; background-position:center
center">
</body>
</html>
```

在 WebContent 文件夹中创建子文件夹 image,复制一张照片到 image 文件夹,并修改名称为 welcome.jpg。

启动工程,访问 StdNv.jsp,可以看到使用导航后的效果。

7.5.3 用户登录与注销

下面通过用户登录来介绍过滤器的应用方法。

1. 创建用户登录信息表 userlogin

在数据库中新建一张用户登录信息表 userlogin,字段有用户 ID User_ID、密码 User_Pwd、用户类型 User_type,创建 userlogin 表的 SQL 语句如下:

```
CREATE TABLE userlogin(User_ID varchar(10) NOT NULL,
                User_Pwd varchar(20) NOT NULL,
                User_type int(11) DEFAULT 1,
                PRIMARY KEY ('User_ID')
                );
```

其中,PRIMARY KEY ('User_ID')将用户 ID User_ID 作为主键。

本例中采用学号作为 User_ID,因此 User_ID 的属性与学号 stdNo 的属性相同。用户类型 User_type 作为保留字段,便于自学扩展。

编写一段代码如程序 7-15 所示,创建表 userlogin,并插入一条记录便于测试。

程序 7-15 创建表 userlogin

```
package sysmgnt;

import dbmgmt.OpDB;

public class UserMgnt {
```

```
void createUserLogin() {
    String CreateTblSql = "CREATE TABLE userlogin(User_ID varchar(10) NOT NULL, User_Pwd
varchar(20) NOT NULL,"
                + "User_type int(11) DEFAULT 1, PRIMARY KEY ('User_ID'));";
    OpDB myOpDB = new OpDB();
    try {
        myOpDB.updateSql(CreateTblSql);
        String insertsql = "insert into userlogin values('2017001','001',1)";
                                                              //添加记录 SQL 语句
        myOpDB.updateSql(insertsql);
        myOpDB.closedbobj();
    } catch (Exception e) {
        e.printStackTrace();
    }
}
public static void main(String[] args) {
    UserMgnt mytest = new UserMgnt();
    mytest.createUserLogin();
}
}
```

参考运行 application 的方法运行上面代码，会在数据库中创建表 userlogin，并添加一条记录('2017001','001',1)。

2. 创建用户登录页面

在 WebContent 文件夹中创建子文件夹 sysmgnt，在 WebContent\sysmgnt 中创建 StdLogin.jsp 文件，修改代码如程序 7-16 所示。登录页面设置两个文本框分别用于输入用户名和密码，在表单的 action 属性中设置响应的 Servlet 为 StdLoginsvlt。

程序 7-16　用户登录页面 StdLogin.jsp

```
<%@ page language = "java" contentType = "text/html; charset = UTF - 8"
    pageEncoding = "UTF - 8" %>
<!DOCTYPE html PUBLIC " - //W3C//DTD HTML 4.01 Transitional//EN" "http://www.w3.org/TR/html4/
loose.dtd">
<html>
<head>
<meta http - equiv = "Content - Type" content = "text/html; charset = UTF - 8">
<title>学生用户登录</title>
</head>
<script language = "JavaScript">
if(window!= top){
    top.location.href = location.href;
}
</script>
<body>
    <form id = "stdloginform" name = "stdloginform" method = "post"
        action = "<% = request.getContextPath() %>/StdLoginsvlt">
        <h1 align = "center">学生登录</h1>
        <table width = "300" border = "1" align = "center">
            <tr>
```

```
                    < td align = "right">用户 ID </td >
                    < td >< input type = "text" name = "User_ID" id = "User_ID" value = "" /></td >
                </tr >
                < tr >
                    < td align = "right" width = "80">用户密码</td >
                    < td width = "160">< input type = "password" name = "User_Pwd"
                        id = "User_Pwd" value = "" /></td >
                </tr >
                <!-- < tr >
                    < td align = "right">用户类别</td >
                    < td >< input type = "text" name = "User_type" id = "User_type"
                        value = "1" /></td >
                </tr > -->
                < tr >
                    < td colspan = "2">< div align = "center">
                            < input type = "submit" name = "Submit" value = "登录"/>
                        </div ></td >
                </tr >
            </table >
        </form >
    </body >
</html >
```

上面 JavaScript 代码的作用是使 StdLogin.jsp 始终处于浏览器窗口的最上层,否则可能会出现登录后显示在子框架页的情况。读者可以注释掉 JavaScript 代码运行工程(登录后,等待一段时间,超时后单击学生信息列表导航,会进行重新登录)进行对比测试,超时登录后框架页会显示在子框架 mainFrame 中。

3. 创建用户登录响应 Servlet

接收客户端提交的用户 ID 和密码后,在数据库表中查询具有相同的用户 ID 和密码的记录数,得到的记录数有以下几种情况。

- 如果返回的记录数是 0,表明数据表中没有记录,说明该用户 ID 没有在系统中注册。
- 如果返回的记录数大于 1,表明数据表中有多条记录,说明该用户 ID 和密码在数据表中存在重复记录,可能是由于注册录入等环节出现错误造成,这是不允许的,不能登录。
- 如果返回的记录数是 1,表明数据表中有一条记录,说明该用户 ID 和密码输入正确,允许登录。

在读取到记录数判断前设置一个用户 ID 和密码验证状态的参数,再对记录数进行判断后更改这个状态参数值,后面根据这个参数值判定是否允许登录。

如果允许登录,则在 session 中新建一个属性保存用户 ID,在过滤器中检查这个属性。

在 src/sysmgnt 下创建用户登录响应 Servlet StdLoginsvlt 并修改代码如程序 7-17 所示。

程序 7-17　用户登录响应 StdLoginsvlt

```
1.    package sysmgnt;
2.
3.    import java.io.IOException;
4.    import java.sql.ResultSet;
```

```
5.
6.  import javax.servlet.ServletException;
7.  import javax.servlet.http.HttpServlet;
8.  import javax.servlet.http.HttpServletRequest;
9.  import javax.servlet.http.HttpServletResponse;
10. import javax.servlet.http.HttpSession;
11.
12. import dbmgmt.OpDB;
13.
14. /**
15.  * Servlet implementation class StdLoginsvlt
16.  */
17. public class StdLoginsvlt extends HttpServlet {
18.     private static final long serialVersionUID = 1L;
19.
20.     /**
21.      * @see HttpServlet#HttpServlet()
22.      */
23.     public StdLoginsvlt() {
24.         super();
25.     }
26.
27.     /**
28.      * @see HttpServlet#doGet(HttpServletRequest request, HttpServletResponse
29.      *      response)
30.      */
31.     protected void doGet(HttpServletRequest request, HttpServletResponse response)
32.             throws ServletException, IOException {
33.         request.setCharacterEncoding("utf-8");
34.         String User_IDstr = request.getParameter("User_ID").trim();
35.         String User_Pwdstr = request.getParameter("User_Pwd").trim();
36.         System.out.println(User_IDstr);
37.         System.out.println(User_Pwdstr);
38.
39.         int usernum = 0;
40.         boolean loginstatus = false;
41.         OpDB myOpDB = new OpDB();
42.         try {
43.             String strSql = "select count( * ) as usernum from userlogin where User_ID =
    '" + User_IDstr + "' and User_Pwd = '"
44.                     + User_Pwdstr + "'" + " and User_type = 1";
45.             System.out.println(strSql);
46.             ResultSet rs = myOpDB.exeQuery(strSql);
47.             while (rs.next()) {
48.                 usernum = rs.getInt("usernum");
49.             }
50.             myOpDB.closedbobj();
51.
52.             System.out.println("usernum:" + usernum);
53.             if (usernum > 0) {
54.                 if (usernum == 1) {
55.                     response.getWriter().write("登录成功!");
56.                     loginstatus = true;
57.                 }
```

```
58.                    if (usernum > 1) {
59.                        response.getWriter().write("存在多个具有相同用户 ID 和密码的用
户,请与管理员联系.");
60.                        return;
61.                    }
62.                } else {
63.                    response.getWriter().write("用户 ID 或密码错误,登录失败!");
64.                }
65.            } catch (Exception e) {
66.                e.printStackTrace();
67.            }
68.
69.            //在 session 中记录用户名和密码及登录是否成功的状态
70.            //在调用其他页面时在过滤器中验证
71.            if (loginstatus) {
72.                HttpSession session = request.getSession();    //没有 session 就新建一个
73.                session.setAttribute("user", User_IDstr);
74.                response.sendRedirect(request.getContextPath() + "/stdhome/StdNv.jsp");
75.            } else {
76.                response.sendRedirect(request.getContextPath() + "/sysmgnt/StdLogin.jsp");
77.            }
78.        }
...
```

上面的代码主要修改了第 31～78 行 doGet()方法中的代码,在第 8～10 行增加了 3 个包的导入代码。

其中,第 34、35 行接收客户端提交的用户 ID 和密码。

第 39 行声明保存记录数的变量 usernum 并置初值为 0。

第 40 行声明登录状态的 boolean 型变量 loginstatus 并置初值为 false,初始状态为未登录。

第 41 行实例化数据库操作类 OpDB 对象 myOpDB。

第 43～44 行构造读取记录数 SQL 语句,将 User_ID 和 User_Pwd 作为查询条件。

第 46 行调用 myOpDB 的 exeQuery(strSql)方法执行查询 SQL,结果保存在 ResultSet 型变量 rs。

第 47～49 行从 rs 中获取记录数保存到变量 usernum 中。

第 50 行调用 myOpDB 的 closedbobj()方法关闭数据库资源。

第 53～63 行对 usernum 进行判断。

第 54～57 行,如果 usernum 值为 1,表明提交的用户 ID 和密码正确,设置 loginstatus 值为 true,登录成功。

第 58～61 行,如果 usernum >1 表示有多条重复记录,提示用户与管理员联系并返回,后面的代码不再运行。

第 62～64 行,其他情况,表明用户 ID 或密码错误,登录失败,不更改 loginstatus 的值,仍为 false,即未登录状态。

第 71～77 行根据上面处理后的登录状态变量进行判断和处理。

第 72 行,当 loginstatus 的值为 true 登录成功时,声明 HttpSession 对象 session。

第 73 行在 session 中设置属性 user,其值为客户端提交的用户 ID。

第 74 行采用重定向方式跳转到导航页面。

第 76 行,当 loginstatus 的值为 false 未登录时,采用定向方式跳转到登录页面。

4. 修改过滤器 filter

在拦截时,要把登录请求放行,否则会陷入无限循环。本例中采用的方法是获取请求信息,判断其中是否包含了登录请求,如果包含则放行。其他资源的访问要根据登录时保存在 session 中的属性判断。从 session 中获取保存用户 ID 的属性,如果存在则表明登录成功,允许继续访问;如果不存在,则表明没有登录,定向到登录页面。

修改 src/sysmgnt 下 LoginFilter 的 doFilter()方法代码,如程序 7-18 所示。修改代码后,需要导入三个类:

```
import javax.servlet.http.HttpServletRequest;
import javax.servlet.http.HttpServletResponse;
import javax.servlet.http.HttpSession;
```

程序 7-18 LoginFilter 的 doFilter()方法

```
1.   public void doFilter(ServletRequest request, ServletResponse response, FilterChain chain)
     throws IOException, ServletException {
2.       HttpServletRequest myrequest = (HttpServletRequest) request;
3.       HttpServletResponse myresponse = (HttpServletResponse) response;
4.       String creqfullurl = myrequest.getRequestURI();
5.       if (creqfullurl.contains("StdLogin.jsp") || creqfullurl.contains("StdLoginsvlt")) {
6.           chain.doFilter(request, response);
7.           return;
8.       }
9.       //如果 session 能够取到,说明用户已经登录
10.      //此处不新建 session,只是去取已经创建的 session
11.      HttpSession session = myrequest.getSession();
12.      String user = "";
13.      if (session != null) {
14.          System.out.println("1");
15.          user = (String) session.getAttribute("user");
16.          System.out.println("登录用户 ID::" + user);
17.          if (user == null || user.equals("")) {      //user 不存在或者为空,说明用户没有
                                                          //登录,跳转到登录页面
18.          myresponse.sendRedirect(myrequest.getContextPath() + "/sysmgnt/StdLogin.jsp");
19.          } else {                                     //已经登录的用户放行
20.          chain.doFilter(request, response);
21.          return;
22.          }
23.      }else {                                          //session 为空,说明用户没有登录,跳
                                                          //转到登录页面
24.          myresponse.sendRedirect(myrequest.getContextPath() + "/sysmgnt/StdLogin.jsp");
25.          return;
26.      }
27. }
```

其中,第 2 行,为了获取请求信息,需要进行类型转换,将 ServletRequest request 转换为 HttpServletRequest 类型的 myrequest。

第 3 行,当出现未登录时,需要通过 response 重定向跳转到登录页,这里先获取

response 对象 myresponse。

第 4 行，调用 myrequest 的 getRequestURI()方法获取请求 URL，后面对请求 URL 进行判断，是否包含了 StdLogin. jsp 和 StdLoginsvlt，这是登录请求。

第 6 行，如果包含了 StdLogin. jsp 和 StdLoginsvlt，则放行，继续执行 chain. doFilter(request，response)并返回，后面的代码不再执行。

第 11 行，调用 myrequest 的 getSession()方法获取 session 对象。如果用户登录过，则会建立 session 对象，这里不新建 session，只是去取已经创建的 session。

第 12 行，设置用来保存 session 属性值的字符串变量 user，初始值为空字符串。

第 14 行，如果 session 不为空，向控制台输出 1，用于调试代码，这是常用的一种调试代码的方法。

第 15 行，从 session 中获取 user 属性值保存到变量 user 中。

第 16 行，将变量 user 的值输出到控制台，便于考察程序中间运行结果。

第 17、18 行，如果 user 为 null 或者其值为空字符串，表示 user 不存在或者为空，说明用户没有登录，跳转到登录页面 sysmgnt/StdLogin. jsp。

第 20 行，已经登录的用户放行，执行 chain. doFilter(request，response)并返回，后面的代码不再执行。

第 24 行，如果 session 为空，说明用户没有登录，采用重定向方式跳转到登录页面 sysmgnt/StdLogin. jsp。

前面介绍 session 时提到，session 的一个功能是保持客户端的访问状态，通过上面的登录 Servlet 处理，只要会话持续，用户的登录状态就一直记录在 session 中，直到登录超时或者关闭了浏览器。

上面的代码中有一个潜在的缺陷，就是只判断了从 session 取到的 user 属性是否为空，没有对其值进行校验，读者可自行优化完善，在此不再赘述。

启动工程后，先访问 stdhome/StdNv. jsp，考察一下访问结果，体会过滤器的作用。也可以修改 web. xml 设置默认访问页面，在＜welcome-file-list＞后面增加一行，设置系统的欢迎页面为 StdNv. jsp，代码如下所示。

```
< welcome - file - list >
  < welcome - file >/stdhome/StdNv. jsp </welcome - file >
  < welcome - file > index. html </welcome - file >
  < welcome - file > index. htm </welcome - file >
...
```

增加这一段代码后，可以在浏览器地址栏中输入 http://localhost：8080/chap7/并按 Enter 键，考察设置欢迎页面后的效果。

从用户登录的过程可以看出，过滤器的工作原理如图 7-13 所示。访客向服务器发出资源请求，门卫 filter 对访问的资源进行检查，如果需要登录许可，则检查 session 中是否记录了登录信息，如果没有，将客户端重定向到登录页面，如果 session 中记录了登录信息，则放行，允许继续访问。

当用户结束业务处理后，一般需要通过注销并关闭登录状态。在 top. jsp 中增加一行注销超链接，如下所示。

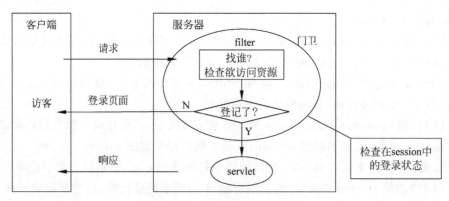

图 7-13　过滤器的工作原理

```
< body >
< h1 align = "center">学生基本信息管理系统</h1 >
< div align = "right"> < a href = "< % = request.getContextPath( ) % >/StdLogoutsvlt">注销</a></div>
</body >
```

在 src/sysmgnt 中创建一个注销 Servlet 类 StdLogoutsvlt，修改其 doGet()方法代码如程序 7-19 所示。

程序 7-19　用户注销响应 StdLogoutsvlt

```
protected void doGet ( HttpServletRequest request, HttpServletResponse response ) throws
ServletException, IOException {
    request.getSession().invalidate();              //清空 session
    response.sendRedirect(request.getContextPath() + "/sysmgnt/StdLogin.jsp");
}
```

本例采用的注销方法是清空 session 而不是删除 session 中的 user 属性，这样做可以避免通过浏览器后退的方式继续访问系统。清空 session 后，浏览器跳转到登录页。

经过上述开发步骤后，chap7 的工程结构如图 7-14 所示。

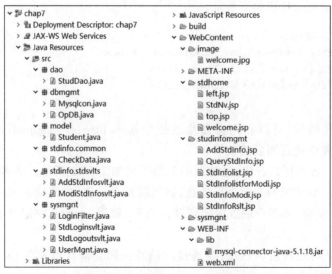

图 7-14　完整的 chap7 工程结构

为了便于介绍主要的技术内容,工程中的程序代码做了简化处理,读者可以进一步利用学过的 CSS 技术或其他前台框架对导航、列表页面等进行美化;也可以增加其他的功能,进一步完善和提高学生信息管理系统的业务处理能力。

7.5.4 部署系统

Web 系统在 Eclipse 等开发环境中开发完后需要部署到 Web 服务器中,脱离开发环境运行。下面介绍将开发的 Web 工程部署到 Tomcat 的方法和步骤。

1. 导出 WAR 包

在 Eclipse 中工程 chap7 上右击,在弹出的快捷菜单中选择 Export→WAR file 命令,如图 7-15(a)所示。在弹出的对话框中设置 WAR 文件存储位置,如图 7-15(b)所示。这里为了简化操作设置为 D:\chap7.war,实际工作中一般将 WAR 文件统一保存在一个文件夹下,同时做好版本标记。单击 Finish 按钮,完成导出。

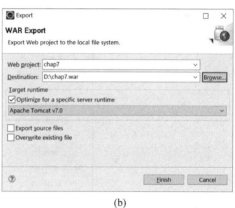

(a)   (b)

图 7-15 导出 WAR 包

(a) 选择 Export→WAR file 命令;(b) 设置 WAR 文件存储位置

为了体验和考察系统部署,这时读者可以关闭 Eclipse。

2. 部署到 Tomcat

在 Tomcat 停止运行的情况下(一般最好停止 Tomcat 再部署)将上面导出的 chap7.war 复制到 Tomcat 中的 Tomcat\webapps 文件夹中,如图 7-16 所示。

然后按第 1 章中介绍的方法启动 Tomcat,当控制台窗口中显示下面信息时表示部署成功、Tomcat 启动成功。

图 7-16 部署 WAR 包到 Tomcat

```
…
信息: Starting Servlet Engine: Apache Tomcat/7.0.37
十月 13, 2021 11:30:22 上午 org.apache.catalina.startup.
HostConfig deployWAR
信息: Deploying web application archive D:\javatools\
Tomcat\webapps\chap7.war
十月 13, 2021 11:30:24 上午 org.apache.catalina.util.SessionIdGenerator createSecureRandom
信息: Creation of SecureRandom instance for session ID generation using [SHA1PRNG] took [107]
```

```
milliseconds.
十月 13, 2021 11:30:24 上午 org.apache.catalina.startup.HostConfig deployDirectory
信息: Deploying web application directory D:\javatools\Tomcat\webapps\docs
十月 13, 2021 11:30:24 上午 org.apache.catalina.startup.HostConfig deployDirectory
信息: Deploying web application directory D:\javatools\Tomcat\webapps\examples
十月 13, 2021 11:30:24 上午 org.apache.catalina.startup.HostConfig deployDirectory
信息: Deploying web application directory D:\javatools\Tomcat\webapps\host－manager
十月 13, 2021 11:30:24 上午 org.apache.catalina.startup.HostConfig deployDirectory
信息: Deploying web application directory D:\javatools\Tomcat\webapps\manager
十月 13, 2021 11:30:24 上午 org.apache.catalina.startup.HostConfig deployDirectory
信息: Deploying web application directory D:\javatools\Tomcat\webapps\ROOT
十月 13, 2021 11:30:24 上午 org.apache.coyote.AbstractProtocol start
信息: Starting ProtocolHandler ["http－bio－8080"]
十月 13, 2021 11:30:24 上午 org.apache.coyote.AbstractProtocol start
信息: Starting ProtocolHandler ["ajp－bio－8009"]
十月 13, 2021 11:30:24 上午 org.apache.catalina.startup.Catalina start
信息: Server startup in 1839 ms
```

上面的信息中 Deploying web application archive D:\javatools\Tomcat\webapps\chap7.war 表示 Tomcat 开始部署 chap7,部署成功后,webapps 文件夹如图 7-17 所示。

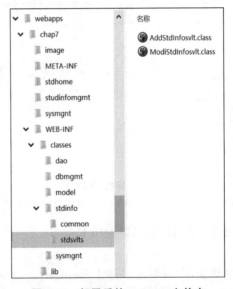

图 7-17   部署后的 webapps 文件夹

从图 7-17 中可以看到,部署成功后,Tomcat 将 war 包解压到 Tomcat\webapps\chap7 中,文件夹 chap7 中的内容与开发环境中的 WebContent 文件夹基本一致,不同的是多了一个 chap7\WEB-INF\classes 文件夹。展开 classes 文件夹可以看到,里面按包结构存储着开发环境中 src 下的各个类编译后的 .class 文件。

打开网页浏览器,在地址栏中输入 http://localhost:8080/chap7,按 Enter 键,登录后单击左侧导航中的学生基本信息列表,界面如图 7-18 所示,表明部署成功。

读者可以切换到 Tomcat 控制台窗口,可以看到在系统开发时打印到控制台的输出信息输出到了 Tomcat 控制台。向控制台输出信息需要占用时间,一般非必要的输出信息在部署前应注释掉,以提高系统的响应速度。

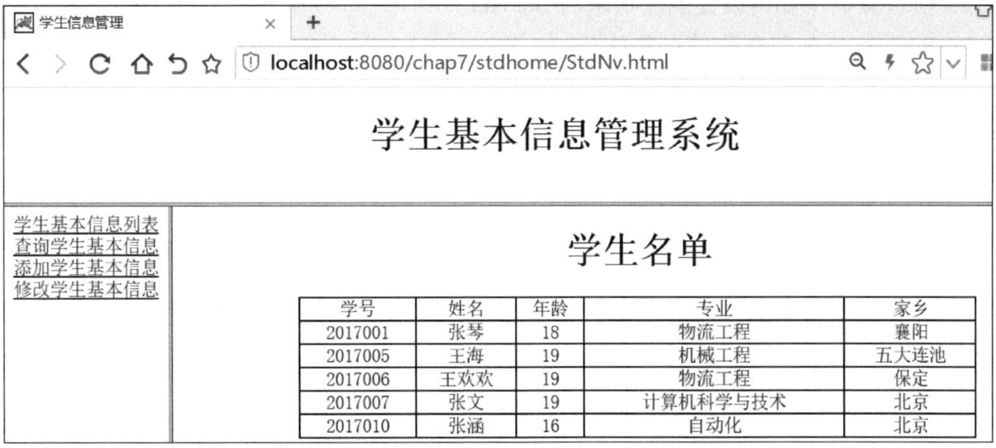

图 7-18　访问部署后学生基本信息管理系统

7.6　小　　结

本章介绍了 Servlet 的概念、基本原理和使用方法，为后续开发 Web 应用打基础。读者需要了解和掌握以下内容。

（1）Servlet 的概念、基本原理。

（2）Servlet 响应请求的入口方法 doGet()和 doPost()。

（3）Servlet 中获取前台参数的方法。

（4）从前台获取数据保存到数据库表中的过程。

（5）重定向与转发。

（6）过滤器的使用。

（7）MVC 的原理。

（8）JSP＋Servlet＋Bean＋Dao 框架。

（9）部署 Web 应用到 Tomcat。

至此完成了从 Java 基本语法到 Web 应用系统开发相关技术的学习，读者能够开发信息增删改查功能的模块，开发出基本的管理信息系统。

读者可以进一步学习 Servlet 的高级技术和其他基于 Java 的 Web 开发框架等技术，不断提高 Web 应用系统开发的能力和水平。

7.7　练　习　题

1. 什么是 Servlet?

2. 如何创建 Servlet?

3. 什么是 Servlet 映射？如何进行映射？Servlet 映射信息保存在哪里？

4. 前台页面中如何设置响应请求的 Servlet?

5. Servlet 中如何获取前台参数?

6. 如果在添加学生基本信息时输入了空格,会产生什么结果? 试修改 AddStdInfosvlt 代码。

7. request 请求转发与 response 重定向有什么区别?

8. 什么是 MVC?

9. 什么是 JSP+Servlet+Bean+Dao 框架? 说明这个框架的工作过程。

10. 在 Eclipse 中开发完成的 Web 应用如何部署到 Tomcat 中? 有哪些操作步骤?

11. 试编写代码删除记录。

12. 编写代码,实现用户登录信息的用户 ID 和密码录入功能。

13. 在第 4 章建立学生成绩信息表的基础上,在工程 chap7 中开发成绩录入、成绩查询、成绩列表、成绩编辑等模块,在系统中增加学生成绩管理功能。

14. 设计一张数据表存储教师基本信息,编写代码实现教师信息的添加、查询、更新。

第 8 章

学生基本信息管理系统优化

前面章节为了将焦点集中在介绍相关主要技术上，工程 chap7 中有一些应用还存在不足，下面对工程 chap7 进行优化。

8.1 创 建 工 程

为了保留工程 chap7，新建一个工程 chap8，复制工程 chap7，在工程 chap8 中进行优化完善。

创建新的 Web 工程 chap8，将工程 chap7 中 src、WebContent 下的文件复制到工程 chap8 对应目录中。将工程 chap7 中 chap7\WebContent\WEB-INF\lib\mysql-connector-java-5.1.18.jar 复制到工程 chap8 对应的文件夹中。打开工程 chap7 中的 chap7\WebContent\WEB-INF\web.xml 文件，将与工程 chap8 中 web.xml 不同的 Servlet 和 filter 映射部分及 StdNv.jsp 的代码复制到 chap8\WebContent\WEB-INF\web.xml 中。这样把工程 chap7 中相关文件复制到新建的工程 chap8 中，做完上述操作后，可以编译、运行工程 chap8，检查文件是否复制正确。

8.2 添加记录前后台校验

在添加记录时，如果用户不小心输入了空格或者没有输入就提交，后台程序 Servlet 中会报错，因此需要在前台页面提交时进行数据校验。如果只在 JSP 页面做校验，由于 Servlet 也可以直接通过 URL 访问，如果通过 URL 访问就不会运行到 JSP 中的校验代码，因此还需要在后台代码中进行校验。

8.2.1 前台 JSP 页面校验

本例中主要通过检查添加的学生基本信息各数据项是否为空和年龄范围示范前台数据校验的方法。数据校验有实时校验和提交校验，实时校验是当用户录入数据时当即进行检查，对不合规的输入进行提示，提交校验是在提交时一起校验所有准备提交的数据。

本例中采用提交校验的方式，在提交时对数据进行必要检查，也就是检查完后再提交。

为了实现这个功能,可以利用 JavaScript,将提交 submit 按钮变更为普通 button 按钮,在单击"提交"按钮时执行 JavaScript 校验方法,将校验规则等检查代码写在方法中,在方法中提交请求。

可以参考程序 5-6 中介绍的获取控件值并进行非空检查的方法修改代码。每个文本框都要进行非空检查,如果分别编写代码会变得冗长,因此,可以将非空检查写成一个公共函数,保存在独立的 JavaScript 源代码文件中,在 JSP 中引用。在 WebContent 文件夹下创建 myjs 子文件夹,在 myjs 中创建 JavaScript 源代码文件 pagecheck.js 和 stdinfo.js 两个文件,pagecheck.js 保存公共函数(所有模块页面公用),stdinfo.js 保存学生信息检查的公共函数(学生基本信息管理模块页面公用)。编辑 pagecheck.js 代码,如程序 8-1 所示。

程序 8-1　页面数据检查 pagecheck.js

```javascript
function isNumber(aVar){
    if(isNaN(aVar)){
        alert("请输入数字!");
        return false;
    }
    return true;
}


function isVoid(inputCtrl,CtrlLabelName){
    var inputV = inputCtrl.value.trim();
    if (inputV == "") {
        alert(CtrlLabelName + "不能为空");
        inputCtrl.value = "";                        //清空文本框
        inputCtrl.focus();
        return true;
    }
    return false;
}
```

上面代码中 isNumber() 函数的功能是检查输入是否为数字,用于对年龄输入的检查。其中,isNaN() 函数用于检查参数是否为非数字值。isVoid() 函数的功能是判断输入是否为空,用于对必填项的检查。

注意,如同前面章节介绍的,JavaScript 中字符串内容比较可以用==,这与 Java 语言不同。

编辑 stdinfo.js 代码如程序 8-2 所示。

程序 8-2　学生数据检查 stdinfo.js

```javascript
function isAgeValid(StdAgeV) {
    if (StdAgeV < 6 || StdAgeV > 35) {
        return false;
    }
    return true;
}
```

本例中仅对年龄范围做了检查,isAgeValid() 函数的功能是对参数范围进行判断,如果不在 6～35 范围内则返回 false,否则返回 true。

对程序 7-3 AddStdInfo.jsp 进行修改,加入数据校验的功能,如程序 8-3 所示。

程序 8-3 添加学生记录 AddStdInfo.jsp

```
1.   <%@ page language = "java" contentType = "text/html; charset = UTF-8" pageEncoding = "UTF-8"%>
2.   <!DOCTYPE html PUBLIC "-//W3C//DTD HTML 4.01 Transitional//EN" "http://www.w3.org/TR/html14/loose.dtd">
3.   <html>
4.   <head>
5.   <meta http-equiv = "Content-Type" content = "text/html; charset = UTF-8">
6.   <title>添加学生信息</title>
7.   <script src = "<% = request.getContextPath()%>/myjs/pagecheck.js"></script>
8.   <script src = "<% = request.getContextPath()%>/myjs/stdinfo.js"></script>
9.   </head>
10.  <body>
11.  <form name = "AddStdInfofrm" method = "post" action = "<% = request.getContextPath()%>/AddStdInfosvlt">
12.    <h1 align = "center">添加学生信息</h1>
13.    <table width = "300" border = "0" align = "center" cellspacing = "0" cellpadding = "0">
14.       <tr>
15.          <td>学号</td>
16.          <td><input type = "text" name = "stdNo" id = "stdNo"/></td>
17.       </tr>
18.       <tr>
19.          <td>姓名</td>
20.          <td><input type = "text" name = "StdName" id = "StdName"/></td>
21.       </tr>
22.       <tr>
23.          <td>年龄</td>
24.          <td><input type = "text" name = "StdAge" id = "StdAge"/></td>
25.       </tr>
26.       <tr>
27.          <td>专业</td>
28.          <td><input type = "text" name = "StdMajor" id = "StdMajor"/></td>
29.       </tr>
30.       <tr>
31.          <td>家乡</td>
32.          <td><input type = "text" name = "StdHometown" id = "StdHometown"/></td>
33.       </tr>
34.       <tr>
35.          <td colspan = '2' align = "center"><input type = "button" name = "Submit" value = "保存" onclick = "CheckDatas()"/></td>
36.       </tr>
37.    </table>
38.  </form>
39.
40.  </body>
41.  <script type = "text/javascript" charset = "UTF-8">
42.     function CheckDatas() {
43.        debugger
```

```
44.        var af = document.AddStdInfofrm;              //对应页面上的<form>标签
45.
46.        var stdNoCtl = document.getElementById("stdNo");
47.        if(isVoid(stdNoCtl,"学号")){
48.            return;
49.        }
50.        var stdNameCtl = document.getElementById("StdName");
51.        if(isVoid(stdNameCtl,"姓名")){
52.            return;
53.        }
54.        var StdAgeCtl = document.getElementById("StdAge");
55.        if(isVoid(StdAgeCtl,"年龄")){
56.            return;
57.        }
58.        var StdAgeV = StdAgeCtl.value.trim();
59.        if(!isNumber(StdAgeV)){
60.            StdAgeCtl.focus();
61.            return;
62.        }
63.        if(!isAgeValid(StdAgeV)){
64.            alert("年龄范围:6~35 岁,请修改年龄.");
65.            //超出范围不能清空文本框,因用户需要在当前输入的基础上进行修改
66.            StdAgeCtl.focus();
67.            return;
68.        }
69.
70.        var StdMajorCtl = document.getElementById("StdMajor");
71.        if(isVoid(StdMajorCtl,"专业")){
72.            return;
73.        }
74.
75.        //通过有效性检查,提交后台
76.        af.submit();
77.    }
78. </script>
79. </html>
```

上面的代码在程序 7-3 AddStdInfo.jsp 的基础上做了以下几处修改。

第 16、20、24、28 行和第 32 行,为每个控件增加 id 属性,以便通过 getElementById()方法获取控件对象。

第 35 行将提交按钮类型改为 button,增加 onclick="CheckDatas()",在单击按钮后执行 CheckDatas()方法。

第 41~78 行为添加的 JavaScript 代码。

第 42~77 行为添加的 CheckDatas()方法。

第 43 行为了调试 JavaScript 代码增加 debugger,可以在浏览器中按 F12 键对 JavaScript 代码进行调试。

第 44 行获取 form 控件。

第 46 行获取学号输入控件。

第 47～49 行调用 pagecheck.js 中的 isVoid() 函数判断学号输入控件中的值是否为空,如果为空则返回,不执行后面的代码。

第 51～53 行,与学号类似,对姓名进行非空检查。

第 55～57 行对年龄进行非空检查。

第 59～62 行对年龄输入进行数字检查,调用 pagecheck.js 中的 isNumber() 函数判断年龄输入控件中的值是否都是数字。

第 63～68 行调用 stdinfo.js 中的 isAgeValid() 函数对年龄范围进行判断。

第 64 行,如果年龄范围不合规,提示用户正确的输入范围。

第 66 行,超出范围不能清空文本框,因用户需要在当前输入的基础上进行修改,因此只做控件定位,将页面操作焦点定位到年龄控件上。

第 67 行,返回,不执行后面的代码。

第 71～73 行对专业进行非空检查。

第 76 行,相关的数据项通过有效性检查后,提交后台"af.submit();"。

一般对必填项进行非空校验,本例假定 StdHometown 是非必填项,没有对家乡这个属性做非空检查。

读者可以编译、运行工程,通过不同的输入内容测试和考察上面代码的运行结果和实际作用。

8.2.2　Servlet 校验

虽然在前台页面做了校验,但除了以表单提交方式访问 Servlet 外还可以通过 URL 直接访问,如果通过 URL 访问时没有提交参数或者提交了不合规的参数,也会报错。如,在浏览器地址栏中直接输入 http://localhost:8080/chap8/StdLoginsvlt 后按 Enter 键,浏览器会报 500 错误,后台控制台会报错:

```
严重: Servlet. service ( ) for servlet [StdLoginsvlt] in context with path [/chap8]
threw exception
java.lang.NullPointerException
    at sysmgnt.StdLoginsvlt.doGet(StdLoginsvlt.java:35)
...
```

StdLoginsvlt.java:35 表示出现错误的位置在 StdLoginsvlt.java 中的第 35 行,该行代码为:

```
String User_IDstr = request.getParameter("User_ID").trim();
```

这是因为在通过 URL 方式访问时没有提交 User_ID 这个参数。

由此可见,如果 Servlet 中接收参数不合规,会出现异常,需要增加相关校验代码,提高系统的容错能力,减少缺陷。

Servlet 中接收参数出现的问题中比较常见的有以下几种情况。

(1) 参数不存在。

如上所述,没有提交对应的参数,在 request.getParameter 中给出的参数名没有找到,结果为 null。这种情况的原因或者是和上面一样没有提交这个参数，或者是与前台页面表单中对应控件的 name 属性值不一致。初学者常见第二种情况。

（2）参数值为空。

请求时给出了参数，但参数值为空，request.getParameter 取到的字符串没有内容。这种情况会影响后续的业务逻辑处理，例如该数据项是必填项会导致将数据保存到数据库时报错，如果该数据是数字则在将数据项从字符串转换为数字时报错。

（3）参数不合规。

这种情况下，参数名和值都有，但不符合业务数据规则，例如数值超出范围等，需要根据相关规则编写对应的判断程序。前面例子中年龄就属于这种情况，如果学生的年龄值输入了 10 000，是不符合常规的，需要重新输入。

上面前两种会报代码执行 500 类错误，最后面一种程序运行不会报错，但对业务处理有影响，例如大于库存销售会导致无法供货。

参数不合规的示例代码前面已经结合年龄范围给出了参考，下面对前两种情况编写获取数据的方法，如程序 8-4 所示。这个方法会在多个 Servlet 中引用，因此采用静态方法的形式单独放在一个公共类 ServletUtils 中。

程序 8-4　获取前台参数 ServletUtils.java

```
package common;

import java.io.UnsupportedEncodingException;
import javax.servlet.http.HttpServletRequest;

public class ServletUtils {
    public static String preHandleParam(HttpServletRequest request, String ParaName) throws UnsupportedEncodingException{
        String ParaStr = request.getParameter(ParaName);
        String Para = "";
        if (ParaStr != null && !ParaStr.equals("")) {
            Para = ParaStr;
        }
        return Para.trim();
    }
}
```

上述代码中设置待返回参数 Para 初始值为空字符串，先将 request.getParameter()获取的对象赋值给一个临时字符串变量 ParaStr，根据 ParaStr 是否为 null 和空字符串进行进一步处理，当 ParaStr 不为 null 也不是空字符串时进行转码并赋值给 Para，否则 Para 仍为空字符串。

根据上面的讨论，修改程序 7-4 的代码，如程序 8-5 所示，只列出前面修改变化的代码行，后面相同的代码没有列出。

程序 8-5　增加参数校验的 AddStdInfosvlt.doGet()代码

```
1.  protected void doGet(HttpServletRequest request, HttpServletResponse response) throws ServletException, IOException {
2.      request.setCharacterEncoding("UTF-8");        //设置 request 编码
```

```
3.    String CONTENT_TYPE = "text/html; charset = UTF - 8";
4.    response.setContentType(CONTENT_TYPE);          //设置 response 的 CONTENT_TYPE
5.    response.setCharacterEncoding("UTF - 8");        //设置 response 编码
6.    PrintWriter out = response.getWriter();          //response 输出流
7.    //获取前台参数
8.    String stdNo = ServletUtils.preHandleParam(request,"stdNo");
9.    String StdName = ServletUtils.preHandleParam(request,"StdName");
10.   String StdMajor = ServletUtils.preHandleParam(request,"StdMajor");
11.   String StdHometown = ServletUtils.preHandleParam(request,"StdHometown");
12.   String StdAgeStr = ServletUtils.preHandleParam(request,"StdAge");
13.
14.   String retUrlAdd = request.getContextPath() + "/studinfomgmt/AddStdInfo.jsp";
15.   //必填项检查
16.   if(stdNo.equals("")){
17.       System.out.println("学号: " + stdNo + "为空!");
18.       out.println("请输入学号!< br >< a href = " + retUrlAdd + ">返回</a>");
19.       return;
20.   }
21.   if(StdName.equals("")){
22.       System.out.println("姓名: " + StdName + "为空!");
23.       out.println("请输入姓名!< br >< a href = " + retUrlAdd + ">返回</a>");
24.       return;
25.   }
26.   if(StdMajor.equals("")){
27.       System.out.println("专业: " + StdMajor + "为空!");
28.       out.println("请输入专业!< br >< a href = " + retUrlAdd + ">返回</a>");
29.       return;
30.   }
31.   if(StdAgeStr.equals("")){
32.       System.out.println("年龄: " + StdAgeStr + "为空!");
33.       out.println("请输入年龄!< br >< a href = " + retUrlAdd + ">返回</a>");
34.       return;
35.   }
36.
37.   //检查年龄数据有效性
...
```

其中,第 7~11 行调用 preHandleParam()方法,获取参数值。

第 16~35 行,对必填项进行非空检查,如果出现空项,返回前台添加记录页面。

可以在浏览器地址分别访问以下 URL,测试和考察代码的运行效果:

http://localhost:8080/chap8/AddStdInfosvlt
http://localhost:8080/chap8/AddStdInfosvlt?stdNo = 2
http://localhost:8080/chap8/AddStdInfosvlt?stdNo = 2&StdName = 张
http://localhost:8080/chap8/AddStdInfosvlt?stdNo = 2&StdName = 张 &StdMajor = 物流
http://localhost:8080/chap8/AddStdInfosvlt?stdNo = 2&StdName = 张 &StdMajor = 物流 &StdAge = 2

参数不合规根据业务的处理逻辑进行检查,如数据库设计时数据项的取值范围等;还有一种是按存储要求进行检查或者转换,如日期等。要结合实际应用编写相关代码。

8.3　后台传参到前台

添加记录失败的一种情况是重复记录,可能是学号填写错误,而其他数据项填写正确,这时为了便于用户操作当返回到添加记录页面,应将之前的填写数据传回前台添加记录页面。

Servlet向前台传递参数常见的方式有以下几种。

(1) response重定向。

response重定向可以通过URL返回到添加记录页面,也可以传参。这种方式传递非中文字符问题不大,但这种方式对中文支持不好,需要做URL编码和解码,增加了开发量。

(2) request请求转发。

request请求转发可以将request中的参数转发到目标URL,也能够动态增加request中的参数。这种方式在处理中文参数时也会出现乱码,但可以采用转码解决,开发量相对较小。

(3) 输出流。

直接向输出流输入传递到客户端的信息,这种方式更灵活。这种方式在处理中文参数时也会出现乱码,也要采用转码解决。

本例中的功能需求是当数据无法写入数据库表中时,将数据返回前台,给出提示信息,提示用户"添加记录不成功,学号可能已经存在,请重新录入数据!"。

添加记录页面在打开时,需要判断是录入新数据还是接收从后台返回的数据,这种情况下需要增加一个判断参数,以便进行判断,所以需要增加判断逻辑处理代码。

上面提到的三种后台传参到前台方式中,前面两种都要增加消息参数,在页面中进行处理。第三种输出流方式,可以在输出信息中写入一段JavaScript代码进行数据提示,在添加记录页面不再进行提示相关处理,减少了代码开发量。本例中采用这种方式返回数据。

下面先修改AddStdInfosvlt.doGet()代码,如程序8-6所示。

程序8-6　增加参数返回的AddStdInfosvlt.doGet()代码

```
1.    protected void doGet(HttpServletRequest request, HttpServletResponse response) throws
ServletException, IOException {
2.        request.setCharacterEncoding("UTF-8");          //设置request编码
3.        String CONTENT_TYPE = "text/html; charset=UTF-8";
4.        response.setContentType(CONTENT_TYPE);          //设置response的CONTENT_TYPE
5.        response.setCharacterEncoding("UTF-8");          //设置response编码
6.        PrintWriter out = response.getWriter();
7.        //获取前台参数
8.        String stdNo = ServletUtils.preHandleParam(request,"stdNo");
9.        String StdName = ServletUtils.preHandleParam(request,"StdName");
10.       String StdMajor = ServletUtils.preHandleParam(request,"StdMajor");
11.       String StdHometown = ServletUtils.preHandleParam(request,"StdHometown");
12.       String StdAgeStr = ServletUtils.preHandleParam(request,"StdAge");
13.
14.       String retUrlAdd = request.getContextPath() + "/studinfomgmt/AddStdInfo.jsp";
```

```
15.        //必填项检查
16.        if(stdNo.equals("")){
17.            System.out.println("学号: " + stdNo + "为空!");
18.            out.println("请输入学号!<br><a href = " + retUrlAdd + ">返回</a>");
19.            return;
20.        }
21.        if(StdName.equals("")){
22.            System.out.println("姓名: " + StdName + "为空!");
23.            out.println("请输入姓名!<br><a href = " + retUrlAdd + ">返回</a>");
24.            return;
25.        }
26.        if(StdMajor.equals("")){
27.            System.out.println("专业: " + StdMajor + "为空!");
28.            out.println("请输入专业!<br><a href = " + retUrlAdd + ">返回</a>");
29.            return;
30.        }
31.        if(StdAgeStr.equals("")){
32.            System.out.println("年龄: " + StdAgeStr + "为空!");
33.            out.println("请输入年龄!<br><a href = " + retUrlAdd + ">返回</a>");
34.            return;
35.        }
36.        //带参数返回前台
37.        String retUrlAddWithPara = retUrlAdd + "?stdNo = " + stdNo + "&StdName = " + StdName +
    "&StdAge = " + StdAgeStr + "&StdMajor = " + StdMajor + "&StdHometown = " + StdHometown;
38.        System.out.println("retUrlAddWithPara: " + retUrlAddWithPara);
39.        //检查年龄数据有效性
40.        CheckData mych = new CheckData();
41.        boolean isNumeric = mych.isNumeric(StdAgeStr);
42.        if(!isNumeric){
43.            System.out.println("年龄 StdAge: " + StdAgeStr + "输入了非数值字符!");
44.            out.println("年龄: " + StdAgeStr + "输入了非数值字符!<br><a href = " +
    retUrlAddWithPara + ">返回</a>");
45.            return;
46.        }
47.        int StdAge = Integer.parseInt(StdAgeStr);        //将获取的字符串转换为整型
48.        int isAgeok = mych.checkstdAge(StdAge);
49.        if ( isAgeok == -1) {
50.            System.out.println("年龄 StdAge: " + StdAge + "超出学生年龄范围!");
51.            out.println("年龄: " + StdAge + "超出学生年龄范围6~35!<br><a href = " +
    retUrlAddWithPara + ">返回</a>");
52.            return;
53.        }
54.        System.out.println("stdNo:" + stdNo + ", StdName:" + StdName + ", StdAge:" + StdAge + ",
    StdMajor:" + StdMajor + ", StdHometown:" + StdHometown);
55.        //调用 Dao 层方法保存记录到数据库表中
56.        Student myStudent = new Student(stdNo, StdName, StdAge, StdMajor, StdHometown);
57.        StudDao myDao = new StudDao();
58.        int affectedrows = myDao.addStdInfo(myStudent);
59.        //返回前台
60.        if(affectedrows == 1){                    //添加成功,返回记录列表页面查看添加后的结果
61.            response.sendRedirect(request.getContextPath() + "/studinfomgmt/StdInfolist.jsp");
```

```
62.        }else {                                           //添加不成功,返回添加记录页面
63.          System.out.println("添加记录不成功,学号可能已经存在,stdNo:" + stdNo + ",
StdName:" + StdName + ", StdAge:" + StdAge + ", StdMajor:" + StdMajor + ", StdHometown:" +
StdHometown);
64.          //response.sendRedirect(retUrlAddWithPara); //这种方式中文处理效果不好,需要
             //增加一些编码转码的代码
65.          //request.getRequestDispatcher("/studinfomgmt/AddStdInfo.jsp").forward(request,
             //response); //这种方式可以传递参数,但没有添加不成功的提示,如果 JSP 要判断
             //是否是因为添加记录不成功返回,需要增加一个判断参数
66.          out.print("< script language = 'javascript'> alert('添加记录不成功,学号可能已经
存在,请重新录入数据!');window.location.href = '" + retUrlAddWithPara + "';</script>");
67.        }
68.
```

上面的代码中修改了以下几处。

第 37 行,将参数附加到返回 URL retUrlAddWithPara,本例中采用 URL 传参的方式将数据返回前台。

第 44 行,将 retUrlAdd 更改为 retUrlAddWithPara。

第 51 行,将 retUrlAdd 更改为 retUrlAddWithPara。

第 64 行,response 重定向采用 URL 传值,对中文的处理不好,本例没有采用,注释掉了,仅供读者考察这种处理方式。

第 65 行,request 转发可以将参数传递到前台 JSP 页面,但 JSP 需要判断是新增还是后台返回,需要增加一个判断参数,也比较麻烦,本例没有采用,注释掉了,仅供读者考察这种处理方式。

第 66 行,返回语句替换为"out.print("<script language= 'javascript'>alert('添加记录不成功,学号可能已经存在,请重新录入数据!');window.location.href = '" + retUrlAddWithPara + "';</script>");"。

第 66 行的功能是向客户端写一段 JavaScript 代码,弹出一个提示框,显示提示内容,用户单击后,将窗口的 URL 指向 retUrlAddWithPara,从而实现前面的功能需求。

Servlet 将数据返回前台,AddStdInfo.jsp 要接收相关数据,修改 AddStdInfo.jsp 代码,在 page 指令行中增加 import="common.*",修改后代码如下:

```
<%@ page language = "java" contentType = "text/html; charset = UTF - 8" pageEncoding = "UTF -
8" import = "common.*" %>
```

body 部分的代码如程序 8-7 所示。

程序 8-7　接收参数返回的 AddStdInfo.jsp 代码

```
< body >
<%
//获取参数
        request.setCharacterEncoding("UTF - 8");        // 设置 request 编码
        String stdNo = ServletUtils.preHandleParam(request,"stdNo");
        String StdName = ServletUtils.preHandleParam(request,"StdName");
        String StdMajor = ServletUtils.preHandleParam(request,"StdMajor");
        String StdHometown = ServletUtils.preHandleParam(request,"StdHometown");
        String StdAge = ServletUtils.preHandleParam(request,"StdAge");
%>
```

```
< form name = "AddStdInfofrm" method = "post" action = "<% = request.getContextPath()% >/
AddStdInfosvlt">
< h1 align = "center">添加学生信息</h1 >
  < table width = "300" border = "0" align = "center" cellspacing = "0" cellpadding = "0">
    < tr >
      < td >学号</td >
      < td >< input type = "text" name = "stdNo" id = "stdNo" value = "<% = stdNo% >"/></td >
    </tr >
    < tr >
      < td >姓名</td >
      < td >< input type = "text" name = "StdName" id = "StdName" value = "<% = StdName% >"/></td >
    </tr >
    < tr >
      < td >年龄</td >
      < td >< input type = "text" name = "StdAge" id = "StdAge" value = "<% = StdAge% >"/></td >
    </tr >
    < tr >
      < td >专业</td >
      < td >< input type = "text" name = "StdMajor" id = "StdMajor" value = "<% = StdMajor% >"/>
</td >
    </tr >
    < tr >
      < td >家乡</td >
      < td >< input type = "text" name = "StdHometown" id = "StdHometown" value = "<% =
StdHometown% >"/></td >
    </tr >
    < tr >
      < td colspan = '2' align = "center">< input type = "button" name = "Submit" value = "保存"
onclick = "CheckDatas()"/></td >
    </tr >
  </table >
</form >
</body >
```

经过上面的修改,AddStdInfo.jsp 能够接收传递的参数。

读者可以运行代码,尝试添加一条学号已经在数据表中存在的记录进行测试。

8.4　查　询　记　录

8.4.1　多条件查询

前面学生基本信息查询程序 6-5 中,只能查询一个条件——学号,在实际应用中经常需要多条件查询,将几个查询条件组合在一起进行查询。

为了保留已经编写好的查询程序代码,复制 QueryStdInfo.jsp 并重命名为 QueryStdInfoMultConds.jsp,将 QueryStdInfoMultConds.jsp 修改为多条件查询,复制 StdInfoRslt.jsp 并重命名为 StdInfoRsltMultConds.jsp,将 StdInfoRsltMultConds.jsp 修改为支持多条件查询的查询结果列表页面。

学生基本信息有学号 stdNo、姓名 stdName、年龄 stdAge、专业 stdMajor、家乡 stdHometown

等几个属性,这里以学号、姓名、专业作为示例,介绍多条件查询的实现方法。条件组合的逻辑可能是与、或和非,本例以与、或为例示范组合逻辑的输入和处理,支持精确查询和模糊查询两种类型。期望实现的界面如图 8-1 所示。

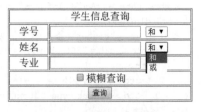

图 8-1　多条件查询界面

为了实现上面的功能需求,需要在原有基础上增加相关控件:

(1) 姓名和专业两个查询值输入文本框。

(2) 两个条件组合逻辑操作下拉列表。

(3) 一个模糊查询切换选项 checkbox。

按上面要求修改更新后的多条件查询功能的查询条件录入页面 QueryStdInfoMultConds. jsp 的代码如程序 8-8 所示。

程序 8-8　多条件查询功能的查询条件录入页面 QueryStdInfoMultConds. jsp

```
1.   <%@ page language = "java" contentType = "text/html; charset = UTF-8" pageEncoding =
     "UTF-8"%>
2.   <!DOCTYPE html PUBLIC " -//W3C//DTD HTML 4.01 Transitional//EN" "http://www.w3.org/TR/
     html4/loose.dtd">
3.   <html>
4.   <head>
5.   <meta http-equiv = "Content-Type" content = "text/html; charset = UTF-8">
6.   <title>查询学生信息</title>
7.   </head>
8.   <body>
9.   <form name = "QueryStdInfofrm" method = "post" action = "StdInfoRsltMultConds.jsp">
10.     <table width = "300" border = "1" align = "center">
11.       <tr>
12.         <td colspan = "2" align = "center">学生信息查询</td>
13.       </tr>
14.       <tr>
15.         <td width = "60" align = "center">学号</td>
16.         <td>
17.         <input type = "text" name = "StdNo" id = "StdNo" />
18.         <select name = "StdNoselect" id = "StdNoselect">
19.           <option value = "and" selected = "selected">和</option>
20.           <option value = "or">或</option>
21.         </select>
22.         </td>
23.       </tr>
24.       <tr>
25.         <td   align = "center">姓名</td>
26.         <td>
27.         <input type = "text" name = "StdName" id = "StdName" />
28.         <select name = "StdNameselect" id = "StdNameselect">
29.           <option value = "and" selected = "selected">和</option>
30.           <option value = "or">或</option>
31.         </select>
```

```
32.         </td>
33.       </tr>
34.       <tr>
35.         <td  align = "center">专业</td>
36.         <td>
37.         <input type = "text" name = "StdMajor" id = "StdMajor" /></td>
38.       </tr>
39.       <tr>
40.         <td colspan = "2" align = "center"><input type = "checkbox" name = "QueryType"
id = "QueryType" value = "like" checked = "checked"/>模糊查询</td>
41.       </tr>
42.       <tr>
43.         <td colspan = "2" align = "center"><input type = "submit" name = "button" id =
"button" value = "查询" /></td>
44.       </tr>
45.     </table>
46.   </form>
47.   </body>
48.   </html>
```

上面的代码中,第 9 行修改 form 的 action 属性值为 StdInfoRsltMultConds. jsp。

第 18～21 行,增加学号后面的逻辑运算符下拉列表 StdNoselect,选项的标签分别为
和、或,对应的选项值分别为 and、or。

第 28～31 行,增加学号后面的逻辑运算符下拉列表 StdNameselect,选项的标签分别为
和、或,对应的选项值分别为 and、or。

第 40 行,增加模糊查询选择框 QueryType,默认值是 like,表示模糊查询,默认状态是
选中。

多条件查询需要构造 SQL 语句,Dao 层执行 SQL 语句,为此,需要在 StudDao 类中增
加一个自定义查询学生基本信息的方法,输入参数是自定义查询 SQL 语句,如程序 8-9 所
示。与其他查询方法相比,这个方法少了构造 SQL 语句的部分,直接使用传递的 SQL 语句
参数进行查询。在代码中做了查询语句是否为空的校验,如果 SQL 语句参数为 null 或空
字符串,则直接返回,不再执行后面的代码。

程序 8-9　自定义查询学生基本信息

```
public List <Student > QueryStdInfo(String strSql) {
        ResultSet rs = null;
        System. out. println("QueryStdInfo():" + strSql);
        if(strSql == null || strSql.trim().isEmpty()){
            return null;
        }
        try {
            rs = myOpDB. exeQuery(strSql);
        } catch (Exception e) {
            e.printStackTrace();
        }

        List <Student > studlist = new ArrayList <Student >();
```

```
        Student myStudent = null;
        try {
            while (rs.next()) {
                String stdNo = rs.getString("stdNo"); //建议参数中字段名和数据表中字段名
                                                      //一模一样
                String stdName = rs.getString("stdName");
                int stdAge = rs.getInt("stdAge");
                String stdMajor = rs.getString("stdMajor");
                String stdHometown = rs.getString("stdHometown");

                myStudent = new Student();
                myStudent.setStdNo(stdNo);
                myStudent.setStdName(stdName);
                myStudent.setStdAge(stdAge);
                myStudent.setStdMajor(stdMajor);
                myStudent.setStdHometown(stdHometown);
                studlist.add(myStudent);
            }
        } catch (SQLException e) {
            e.printStackTrace();
        }

        try {
            myOpDB.closedbobj();
        } catch (SQLException e) {
            e.printStackTrace();
        }

        return studlist;
    }
```

StdInfoRsltMultConds.jsp 在进行查询列表显示时先要根据获取到的查询条件构造 SQL 语句,其中一项工作是生成查询语句的条件部分。为此编写一个查询条件处理方法 prepareQueryCond(),为了以后能在其他模块中使用这段代码,将方法定义到一个公共类中,如程序 8-10 所示。

程序 8-10　查询条件生成方法

```
1.    package stdinfo.common;
2.    public class QueryUtils {
3.        public static String prepareQueryCond (String cStdNo, String cStdName, String
cStdMajor, String StdNoselect,
4.            String stdNameselect, String QueryType) {
5.        String CondStr = " where 1 = 1";
6.        if (cStdNo != null && !cStdNo.trim().isEmpty()) {
7.            if (QueryType.equals("like")) {
8.                CondStr += " and StdNo like '%" + cStdNo + "%'";
9.            } else {
10.                CondStr += " and StdNo = " + cStdNo;
11.            }
12.        }
```

```
13.            if (cStdName != null && !cStdName.trim().isEmpty()) {
14.                if (QueryType.equals("like")) {
15.                    CondStr += " " + StdNoselect + " StdName like '%" + cStdName + "%'";
16.                } else {
17.                    CondStr += " " + StdNoselect + " StdName = " + cStdName;
18.                }
19.            }
20.            if (cStdMajor != null && !cStdMajor.trim().isEmpty()) {
21.                if (QueryType.equals("like")) {
22.                    CondStr += " " + stdNameselect + " StdMajor like '%" + cStdMajor + "%'";
23.                } else {
24.                    CondStr += " " + stdNameselect + " StdMajor = " + cStdMajor;
25.                }
26.            }
27.            return CondStr;
28.        }
29.    }
```

上面的代码中，第 3～4 行，prepareQueryCond()方法的输入参数 cStdNo、cStdName、cStdMajor、StdNoselect、stdNameselect、QueryType 分别对应查询条件录入页面的学号、姓名、专业、第一个逻辑运算符、第二个逻辑运算符和模糊查询选择值。

第 5 行，如果前台提交的查询条件均为空，则生成 SQL 语句后要检查 where 条件子句是否存在语法错误。为了简化处理，先设置查询条件 CondStr 的初值为" where 1＝1"，这种处理的目的是即使后面的条件都为空，查询条件也能成立，不会出现错误。

第 6～11 行对学号查询条件值进行处理，如果不为空，根据模糊查询类型生成对应的查询条件。假定用户输入的学号查询值是 123，当采用模糊查询时，条件是 and StdNo like '%123%'这种形式，如果不是模糊查询而是要精确查询，查询条件是 and StdNo＝123 这种形式。

第 13～19 行，与上类似，处理姓名查询条件。

第 20～26 行，与上类似，处理专业查询条件。

第 27 行返回处理后的查询条件结果 CondStr。

接下来修改查询结果列表页面 StdInfoRsltMultConds.jsp，修改后的代码如程序 8-11 所示。

程序 8-11　多条件查询结果列表页面 StdInfoRsltMultConds.jsp

```
1.    <%@ page language = "java" contentType = "text/html; charset = UTF - 8" import = "dao. * ,
model. * ,common. * , stdinfo. common. * ,java. util. * " pageEncoding = "UTF - 8" %>
2.    <!DOCTYPE html PUBLIC " - //W3C//DTD HTML 4.01 Transitional//EN" "http://www.w3.org/TR/
html4/loose.dtd">
3.    <html >
4.    <head >
5.    <meta http - equiv = "Content - Type" content = "text/html; charset = UTF - 8">
6.    <title>查询结果列表</title>
7.    </head >
8.    <body >
9.        <%
10.            request.setCharacterEncoding("utf - 8");
```

```
11.          String cStdNo = ServletUtils.preHandleParam(request,"StdNo");
12.          String cStdName = ServletUtils.preHandleParam(request,"StdName");
13.          String cStdMajor = ServletUtils.preHandleParam(request,"StdMajor");
14.          String StdNoselect = ServletUtils.preHandleParam(request,"StdNoselect");
15.          String StdNameselect = ServletUtils.preHandleParam(request,"StdNameselect");
16.          String QueryType = ServletUtils.preHandleParam(request,"QueryType");
17.          if(QueryType == null || QueryType.trim().isEmpty()){
18.              QueryType = "accurate";
19.          }
20.          System.out.println(cStdNo + "," + cStdName + "," + cStdMajor + "," + StdNoselect + ",
    " + StdNameselect + "," + QueryType);
21.          //构造查询条件
22.              String cond = QueryUtils.prepareQueryCond (cStdNo, cStdName, cStdMajor,
    StdNoselect,StdNameselect, QueryType);
23.          System.out.println("查询条件:" + cond);
24.          String strSql = "select * from studentinfo" + cond;
25.          StudDao mystddao = new StudDao();
26.          List < Student > stdlist = mystddao.QueryStdInfo(strSql);
27.      %>
28.      < h1 align = "center">学生名单</h1>
29.      < table width = "600" border = "1" align = "center" cellpadding = "0"
30.          cellspacing = "0" bordercolor = "#000000">
31.          < tr >
32.              < td >< div align = "center">学号</div></td>
33.              < td >< div align = "center">姓名</div></td>
34.              < td >< div align = "center">年龄</div></td>
35.              < td >< div align = "center">专业</div></td>
36.              < td >< div align = "center">家乡</div></td>
37.          </tr>
38.          < %
39.          Student myStudent = new Student();
40.          for (int i = 0; i < stdlist.size(); i++) {
41.              myStudent = stdlist.get(i);
42.              String stdNo = myStudent.getStdNo();
43.              String StdName = myStudent.getStdName();
44.              int StdAge = myStudent.getStdAge();
45.              String StdMajor = myStudent.getStdMajor();
46.              String StdHometown = myStudent.getStdHometown();
47.          %>
48.          < tr >
49.              < td >< div align = "center">< % = stdNo %></div></td>
50.              < td >< div align = "center">< % = StdName %></div></td>
51.              < td >< div align = "center">< % = StdAge %></div></td>
52.              < td >< div align = "center">< % = StdMajor %></div></td>
53.              < td >< div align = "center">< % = StdHometown %></div></td>
54.          </tr>
55.          < %
56.              }
57.          %>
58.      </table>
59.  </body>
```

```
60.    </html>
```

上面的代码中,第 1 行,import 中增加", common. *",以便代码中调用查询条件生成方法。

第 11 行,获取参数 StdNo 的方法改为通过 ServletUtils. preHandleParam()方法获取,值保存在变量 cStdNo 中。

第 12～16 分别获取输入参数 cStdNo、cStdName、cStdMajor、StdNoselect、stdNameselect、QueryType。

第 17～19 行,如果查询类型为 null 或者空字符串,令 QueryType＝"accurate"进行精确查询。

第 22 行调用 QueryUtils. prepareQueryCond()方法生成 SQL 语句的查询条件部分返回值保存在变量 cond 中。

第 24 行创建查询 SQL 语句,将"select * from studentinfo"与查询条件拼接成完整的条件查询语句 strSql。

第 26 行调用 Dao 中执行 SQL 语句的方法 QueryStdInfo()进行查询。

第 28～60 行,数据列表展示部分与原 StdInfoRslt. jsp 代码相同,没有更改。

在 stdhome\left. jsp 中"查询学生基本信息"菜单后面增加一项"多条件查询学生基本信息"菜单,代码如下:

```
...
  <tr>
    <td><a href = "../studinfomgmt/QueryStdInfo.jsp" target = "mainFrame">查询学生基本信息
</a></td>
  </tr>
  <tr>
    <td><a href = "../studinfomgmt/QueryStdInfoMultConds.jsp" target = "mainFrame">多条件
查询学生基本信息</a></td>
  </tr>
...
```

修改、保存代码后,编译、运行工程,单击"多条件查询学生基本信息",考察多条件查询功能的实现结果。

8.4.2　查询值列表

前面学生基本信息查询程序 6-5 中,需要输入学号,如果忘记学号就无从查起。一种处理方式是将学号从数据表中读取出来,以下拉列表的形式展示,这样可以从列表中选择,而不用凭记忆学号查询。

从数据库读取的学号放在下拉列表 select 的 option 中,由于可能有多个学号,可以采用循环添加多个 option 选项。后台 Servlet 中获取选中项是通过 select 的 name 属性获取选中的 option 的 value,因此,value 的值设置为学号,本例中,把选项标签也设置为学号。

下面编写查询值列表的查询页面代码。为了保留已经编写好的查询程序代码,复制 QueryStdInfo. jsp 并重命名为 QueryStdInfoSelectVal. jsp,修改 QueryStdInfoSelectVal. jsp

代码,如程序 8-12 所示。

程序 8-12 查询值列表查询页面 QueryStdInfoSelectVal.jsp

```jsp
1.  <%@ page language = "java" contentType = "text/html; charset = UTF - 8" import = "dbmgmt.
OpDB,java.sql.ResultSet" pageEncoding = "UTF - 8" %>
2.  <!DOCTYPE html PUBLIC " - //W3C//DTD HTML 4.01 Transitional//EN" "http://www.w3.org/TR/
html4/loose.dtd">
3.  <html>
4.  <head>
5.  <meta http - equiv = "Content - Type" content = "text/html; charset = UTF - 8">
6.  <title>查询学生信息</title>
7.  </head>
8.  <body>
9.  <form name = "QueryStdInfofrm" method = "post" action = "StdInfoRslt.jsp">
10.     <table width = "300" border = "1" align = "center">
11.        <tr>
12.           <td colspan = "2" align = "center">学生信息查询</td>
13.        </tr>
14.        <tr>
15.           <td width = "93" align = "center">学号</td>
16.           <td width = "91">
17.     <!--   <input type = "text" name = "StdNo" id = "StdNo" /> -->
18.        <select name = "StdNo" id = "StdNo">
19.        <%
20.           String strSql = "select StdNo from studentinfo";
21.           OpDB myOpDB = new OpDB();
22.           try {
23.               System.out.println(strSql);
24.               ResultSet rs = myOpDB.exeQuery(strSql);
25.               while (rs.next()) {
26.                   int StdNo = rs.getInt("stdNo");
27.                   %>
28.                   <option value = "<% = StdNo %>"><% = StdNo %></option>
29.                   <%
30.               }
31.               myOpDB.closedbobj();
32.           }catch (Exception e) {
33.               e.printStackTrace();
34.           }
35.        %>
36.        </select>
37.        </td>
38.        </tr>
39.        <tr>
40.           <td colspan = "2" align = "center"><input type = "submit" name = "button" id =
"button" value = "查询" /></td>
41.        </tr>
42.     </table>
43.  </form>
44.  </body>
```

```
45.    </html>
```

上面的代码中,第 1 行,import 中增加"import="dbmgmt. OpDB,java. sql. ResultSet"",以便代码中调用相关方法或对象。

第 17 行注释掉原代码中的文本框改为下面的下拉列表。

第 18~36 行,插入学号值下拉列表,控件的 name 和 id 属性仍为 StdNo,可以使用相同的查询结果列表页面,而不用新建。

第 20 行创建查询 SQL 语句 strSql,从 studentinfo 表中读取 StdNo 字段。

第 21 行实例化 OpDB 对象 myOpDB。

第 24 行调用 exeQuery()方法执行查询语句 strSql,返回查询结果集 rs。

第 25~34 行采用 while 循环从 rs 中读取 StdNo 值。

第 26 行读取结果集中的 StdNo 值并保存在变量 StdNo 中。

第 28 行采用 Java 表达式的方式将 StdNo 值输出到下拉列表的 option 中,这里将选项标签和选项值都设置为 StdNo 值。

第 31 行读取全部结果后关闭数据库。

在 stdhome\left. jsp 中"查询学生基本信息"菜单后面增加一项"学号列表查询"菜单,代码如下:

```
...
  <tr>
    <td><a href = "../studinfomgmt/QueryStdInfo.jsp" target = "mainFrame">查询学生基本信息</a></td>
  </tr>
  <tr>
    <td><a href = "../studinfomgmt/QueryStdInfoSelectVal.jsp" target = "mainFrame">学号列表查询</a></td>
  </tr>
...
```

修改、保存代码后,编译、运行工程,单击"学号列表查询",考察学号列表查询功能的实现结果。

8.5 上 传 照 片

文件上传是 Web 应用系统中的一个常用功能,下面以学生照片上传为例演示上传照片和接收文件。

8.5.1 在学生基本信息表增加照片 URL 字段

本例中将照片的 URL 保存到数据表中,照片文件保存在服务器硬盘文件夹。修改学生基本信息表 studentinfo 增加照片 URL 字段 stdPhoto 的 SQL 语句如下:

```
ALTER TABLE studentinfo ADD stdPhoto varchar(255);
```

编写一段代码,如程序 8-13 所示,在学生基本信息表 studentinfo 中增加照片 URL 字段。

程序 8-13　在学生基本信息表 studentinfo 中增加照片 URL 字段

```
package stdinfo.common;

import dbmgmt.OpDB;

public class AddstdPhotoFiled {
    void AddPhotoFiled() {
        String AddPhotoFiledSql = "ALTER TABLE studentinfo ADD stdPhoto varchar(255);";
        OpDB myOpDB = new OpDB();
        try {
            myOpDB.updateSql(AddPhotoFiledSql);
            myOpDB.closedbobj();
        } catch (Exception e) {
            e.printStackTrace();
        }
    }

    public static void main(String[] args) {
        AddstdPhotoFiled mytest = new AddstdPhotoFiled();
        mytest.AddPhotoFiled();
    }
}
```

参考运行 application 的方法运行上面代码,会在学生基本信息表 studentinfo 中增加 stdPhoto 字段。

8.5.2　修改 model

在 Student 类中增加成员变量 stdPhoto 及 get()和 set()两个成员方法,代码如下:

```
private String stdPhoto;

public String getStdPhoto() {
    return stdPhoto;
}

public void setStdPhoto(String stdPhoto) {
    this.stdPhoto = stdPhoto;
}
```

8.5.3　修改 Dao 代码增加照片 URL 相关处理方法

后台收到照片后,需要将照片 URL 更新到学生基本信息表中 stdPhoto 字段,更新时以学号为条件。为了保留之前的版本,复制 StudDao.java 并重命名为 StudDaoPhoto.java。

为此,在 StudDaoPhoto 中新增一个方法,如程序 8-14 所示。updateStdinfoPhoto()方法有学号 stdNo 和照片 URL Photourl 两个参数,在上传照片 Servlet 中调用该方法更新数据表。

程序 8-14　更新学生基本信息表中 stdPhoto 字段

```java
public int updateStdinfoPhoto(String stdNo,String Photourl) {
    int affectedrows = 0;
    String strSql = "update studentinfo set stdPhoto = '" + Photourl + "' where stdNo = '" +
stdNo + "'";
    System.out.println(strSql);
    try {
        affectedrows = myOpDB.updateSql(strSql);
    } catch (Exception e) {
        e.printStackTrace();
    }
    //关闭数据库对象
    try {
        myOpDB.closedbobj();
    } catch (SQLException e) {
        e.printStackTrace();
    }
    return affectedrows;    //主调方法中根据返回记录数进行相关的处理,如判断是否操作成功等
}
```

修改 StudDaoPhoto.java 中的 QueryStdInfoAll()方法增加对 stdPhoto 的处理,代码如程序 8-15 所示。

程序 8-15　修改 StudDaoPhoto.java 中的 QueryStdInfoAll()方法

```java
public List < Student > QueryStdInfoAll() {
    ResultSet rs = null;
    String strSql = "select * from studentinfo";
    System.out.println("QueryStdInfoAll():" + strSql);
    try {
        rs = myOpDB.exeQuery(strSql);
    } catch (Exception e) {
        e.printStackTrace();
    }

    List < Student > studlist = new ArrayList < Student >();
    Student myStudent = null;
    try {
        while (rs.next()) {
            String stdNo = rs.getString("stdNo");    //建议参数中字段名和数据表中的字段名
                                                     //一模一样
            String stdName = rs.getString("stdName");
            int stdAge = rs.getInt("stdAge");
            String stdMajor = rs.getString("stdMajor");
            String stdHometown = rs.getString("stdHometown");
            String stdPhoto = rs.getString("stdPhoto");
            myStudent = new Student();
```

```
                myStudent.setStdNo(stdNo);
                myStudent.setStdName(stdName);
                myStudent.setStdAge(stdAge);
                myStudent.setStdMajor(stdMajor);
                myStudent.setStdHometown(stdHometown);
                myStudent.setStdPhoto(stdPhoto);
                studlist.add(myStudent);
            }
        } catch (SQLException e) {
            e.printStackTrace();
        }

        try {
            myOpDB.closedbobj();
        } catch (SQLException e) {
            e.printStackTrace();
        }

        return studlist;
    }
```

8.5.4 显示照片页面

参考前面章节学生信息列表页面的设计,增加照片显示页面,代码如程序 8-16 所示。

程序 8-16 显示照片列表页面 StdInfolistPhoto.jsp

```
1.  <% @ page language = "java" contentType = "text/html; charset = UTF - 8"
2.      import = "dao. * , model. * , java.util. * " pageEncoding = "UTF - 8" %>
3.  <!DOCTYPE html PUBLIC " - //W3C//DTD HTML 4.01 Transitional//EN" "http://www.w3.org/TR/
    html4/loose.dtd">
4.  < html >
5.  < head >
6.  < meta http - equiv = "Content - Type" content = "text/html; charset = UTF - 8">
7.  < title >学生信息列表</title >
8.  </head >
9.  < body >
10.     <%
11.         StudDaoPhoto mystddao = new StudDaoPhoto();
12.         List < Student > stdlist = mystddao.QueryStdInfoAll();
13.     %>
14.     < h1 align = "center">学生名单</h1 >
15.
16.     < table width = "600" border = "1" align = "center" cellpadding = "0"
17.         cellspacing = "0" bordercolor = " # 000000">
18.         < tr >
19.             < td >< div align = "center">学号</div ></td >
20.             < td >< div align = "center">姓名</div ></td >
21.             < td >< div align = "center">年龄</div ></td >
22.             < td >< div align = "center">专业</div ></td >
```

```
23.                    <td><div align = "center">家乡</div></td>
24.                    <td><div align = "center">照片</div></td>
25.              </tr>
26.              <%
27.                    Student myStudent = new Student();
28.                    String stdPhotoUrl = "";
29.                    for (int i = 0; i < stdlist.size(); i++) {
30.                        myStudent = stdlist.get(i);
31.                        String stdNo = myStudent.getStdNo();
32.                        String StdName = myStudent.getStdName();
33.                        int StdAge = myStudent.getStdAge();
34.                        String StdMajor = myStudent.getStdMajor();
35.                        String StdHometown = myStudent.getStdHometown();
36.                        String stdPhoto = myStudent.getStdPhoto();
37.                        if(stdPhoto == null||stdPhoto.equals("")){
38.                            stdPhotoUrl = "";
39.                        }else{
40.                            stdPhotoUrl = request.getContextPath() + stdPhoto;
41.                        }
42.              %>
43.              <tr>
44.                    <td><div align = "center"><% = stdNo %></div></td>
45.                    <td><div align = "center"><% = StdName %></div></td>
46.                    <td><div align = "center"><% = StdAge %></div></td>
47.                    <td><div align = "center"><% = StdMajor %></div></td>
48.                    <td><div align = "center"><% = StdHometown %></div></td>
49.                    <td><div align = "center"><img id = "Photopreview" width = "260" height =
"180" src = "<% = stdPhotoUrl %>" alt = "没有<% = StdName %>的照片" /></div></td>
50.              </tr>
51.              <%
52.                    }
53.              %>
54.        </table>
55.  </body>
56.  </html>
```

与前面章节的学生信息列表页面相比，有以下不同。

第 11 行修改 StudDao 为 StudDaoPhoto。

第 24 行增加照片一列。

第 36 行增加照片 URL 处理，将数据库中读取的 URL 保存在变量 stdPhoto 中。

第 37～41 行对照片 URL 进行是否为空的判断，当不为空时生成显示照片的 URL。

第 49 行增加照片显示控件，设置图片的 URL 为 stdPhoto。

在 stdhome\left.jsp 中"修改学生基本信息"菜单后面增加一项"照片列表"菜单，代码
如下：

```
...
  <tr>
    <td><a href = "../studinfomgmt/StdInfolistforModi.jsp" target = "mainFrame">修改学生基
本信息</a></td>
```

```
        </tr>
        <tr>
          <td><a href = "../studinfomgmt/StdInfolistPhoto.jsp" target = "mainFrame">照片列表</a>
        </td>
        </tr>
        ...
```

修改、保存代码后,编译、运行工程,单击"照片列表",考察照片列表功能的实现结果。

8.5.5　上传照片 JSP

在上传照片时,先显示学生信息列表,然后选择为哪位同学上传照片。与编辑记录类似,先在列表页面选择学生,然后在照片上传页面上传照片。

编写上传照片列表页面 StdInfolistforAddPhoto.jsp 如程序 8-17 所示。

程序 8-17　上传照片列表页面 StdInfolistforAddPhoto.jsp

```
1.   <% @ page language = "java" contentType = "text/html; charset = UTF - 8"
2.       import = "dao. * , model. * , java.util. * " pageEncoding = "UTF - 8" %>
3.   <! DOCTYPE html PUBLIC " - //W3C//DTD HTML 4.01 Transitional//EN" "http://www.w3.org/TR/
html4/loose.dtd">
4.   < html >
5.   < head >
6.   < meta http - equiv = "Content - Type" content = "text/html; charset = UTF - 8">
7.   < title >学生信息列表</title >
8.   </head >
9.   < body >
10.       <%
11.           StudDaoPhoto mystddao = new StudDaoPhoto();
12.           List < Student > stdlist = mystddao.QueryStdInfoAll();
13.       %>
14.       < h1 align = "center">学生名单</h1 >
15.
16.       < table width = "600" border = "1" align = "center" cellpadding = "0"
17.           cellspacing = "0" bordercolor = " ＃000000">
18.           < tr >
19.               < td >< div align = "center">学号</div ></td >
20.               < td >< div align = "center">姓名</div ></td >
21.               < td >< div align = "center">年龄</div ></td >
22.               < td >< div align = "center">专业</div ></td >
23.               < td >< div align = "center">家乡</div ></td >
24.               < td >< div align = "center">上传照片</div ></td >
25.           </tr >
26.           <%
27.               String stdPhotoUrl = "";
28.               Student myStudent = new Student();
29.               for (int i = 0; i < stdlist.size(); i++) {
30.                   myStudent = stdlist.get(i);
31.                   String stdNo = myStudent.getStdNo();
32.                   String StdName = myStudent.getStdName();
```

```
33.                    int StdAge = myStudent.getStdAge();
34.                    String StdMajor = myStudent.getStdMajor();
35.                    String StdHometown = myStudent.getStdHometown();
36.                    String stdPhoto = myStudent.getStdPhoto();
37.                    if(stdPhoto == null||stdPhoto.equals("")){
38.                        stdPhotoUrl = "";
39.                    }else{
40.                        stdPhotoUrl = request.getContextPath() + stdPhoto;
41.                    }
42.            %>
43.            <tr>
44.                <td><div align = "center"><% = stdNo %></div></td>
45.                <td><div align = "center"><% = StdName %></div></td>
46.                <td><div align = "center"><% = StdAge %></div></td>
47.                <td><div align = "center"><% = StdMajor %></div></td>
48.                <td><div align = "center"><% = StdHometown %></div></td>
49.                <td><div align = "center"><a href = "AddStdInfophoto.jsp?stdNo = <% =
stdNo %> &StdName = <% = StdName %> &StdAge = <% = StdAge %> &StdMajor = <% = StdMajor %>
&StdHometown = <% = StdHometown %> &stdPhoto = <% = stdPhotoUrl %>">上传照片</a></div></td>
50.            </tr>
51.            <%
52.                }
53.            %>
54.        </table>
55. </body>
56. </html>
```

上面的代码与编辑列表代码类似,不同之处如下。

第 11 行修改 StudDao 为 StudDaoPhoto。

第 37~41 行,对照片 URL 进行是否为空的判断,当不为空时生成显示照片的 URL。

第 49 行修改最后一列为上传照片的超链接。

上传文件时,在 JSP 页面表单中的 method 必须设置为 post,并且要设置 enctype = "multipart/form-data"。上传照片页面代码如程序 8-18 所示。

程序 8-18 上传照片页面 AddStdInfophoto.jsp

```
1.  <%@ page language = "java" contentType = "text/html; charset = UTF - 8" import = "common.
ServletUtils" pageEncoding = "UTF - 8" %>
2.  <!DOCTYPE html PUBLIC " - //W3C//DTD HTML 4.01 Transitional//EN" "http://www.w3.org/TR/
html4/loose.dtd">
3.  <html>
4.  <head>
5.  <meta http - equiv = "Content - Type" content = "text/html; charset = UTF - 8">
6.  <title>添加学生照片</title>
7.  </head>
8.  <body>
9.  <%
10.        //获取前台参数
11.        String stdNo = request.getParameter("stdNo");
12.        String StdName = request.getParameter("StdName");
```

```
13.              String StdAgeStr = request.getParameter("StdAge");
14.              int StdAge = Integer.parseInt(StdAgeStr);    //将获取的字符串转换为整型
15.              String StdMajor = request.getParameter("StdMajor");
16.              String StdHometown = request.getParameter("StdHometown");
17.              String StdPhoto = ServletUtils.preHandleParam(request,"stdPhoto");
18.              System.out.println("stdNo:" + stdNo + ", StdName:" + StdName + ", StdAge:" +
StdAge + ", StdMajor:" + StdMajor + ", StdHometown:" + StdHometown);
19.              System.out.println("StdPhoto:" + StdPhoto);
20.    %>
21.    < form name = "AddStdInfoPhotofrm" method = "post" enctype = "multipart/form - data" action =
"<% = request.getContextPath() %>/UploadPhotosvlt">
22.    < h1 align = "center">上传学生照片</h1 >
23.    < table width = "300" border = "0" align = "center" cellspacing = "0" cellpadding = "0">
24.      < tr >
25.      < td width = "50" >学号</td>
26.      < td ><% = stdNo %></td>
27.      </tr>
28.      < tr >
29.        < td >姓名</td>
30.        < td ><% = StdName %></td>
31.      </tr>
32.      < tr >
33.        < td >年龄</td>
34.        < td ><% = StdAge %></td>
35.      </tr>
36.      < tr >
37.        < td >专业</td>
38.        < td ><% = StdMajor %></td>
39.      </tr>
40.      < tr >
41.        < td >家乡</td>
42.        < td ><% = StdHometown %></td>
43.      </tr>
44.      < tr >
45.        < td >照片</td>
46.        < td >< img id = "Photopreview" width = "260" height = "180" src = "<% = StdPhoto %>"
alt = "没有<% = StdName %>的照片" />
47.        < input type = "file" name = "stdPhoto" id = "stdPhoto" value = "选择照片"
48.            onchange = "imgChange(this);" /></td>
49.      </tr>
50.      < tr >
51.        < td colspan = '2' align = "center">< input type = "Submit" name = "Submit" value = "上
传" /></td>
52.      </tr>
53.    </table>
54.    < input type = "hidden" name = "stdNo" value = "<% = stdNo %>"id = "stdNo"/>
55.    </form>
56.
```

```
57.   </body>
58.   <script type = "text/javascript" charset = "UTF-8">
59.   //选择图片显示
60.   function imgChange(obj) {
61.       //获取单击的文本框
62.       var file = document.getElementById('stdPhoto');
63.       var imgUrl = window.URL.createObjectURL(file.files[0]);
64.       var img = document.getElementById('Photopreview');
65.       img.setAttribute('src', imgUrl);              //修改 img 标签 src 属性值
66.   }
67.   </script>
68.   </html>
```

上面的代码中,第 6 行修改标题为"添加学生照片"。

第 21 行 修 改 form 的 action 属 性 为 "<% = request. getContextPath()% >/UploadPhotosvlt",修改 name 属性为" AddStdInfoPhotofrm",设置 enctype 属性为"multipart/form-data"。

第 22 行修改页面标题为"上传学生照片"。

第 25 行设置数据项标签文字列宽度为 50(width="50")。

第 26～42 行将各数据项以表达式方式输出到页面。

第 44～49 行增加一行用于显示照片和上传照片。

第 46 行,本例支持选择照片上传前在页面显示,设置图片对象 Photopreview 显示照片。

第 47～48 行设置照片上传控件,< input type = " file" name = " stdPhoto" id = "stdPhoto" value="选择照片",onchange 事件的响应 JavaScript 函数为 imgChange(this)。

第 51 行修改按钮标题为"上传",修改按钮类型为 Submit。

第 54 行需要根据学号更新照片 URL,将学号设置为隐藏域。

第 58～67 行为 JavaScript 代码。

第 60～66 行为 imgChange(obj)函数,当选择照片后,修改图片对象 Photopreview 的 src 属性,将照片显示在 Photopreview 中。

第 62 行获取选择的图片文件 file。

第 63 行根据图片文件 file 生成 imgUrl。

第 64 行获取图片对象 Photopreview。

第 65 行,修改图片对象 Photopreview 的 src 属性值,显示照片。

8.5.6　接收照片 Servlet

有很多第三方插件支持上传文件,这里采用 Apache 的 DiskFileItemFactory 进行文件上传,接收上传文件的步骤如下。

(1) 创建 DiskFileItemFactory 对象,设置缓冲区大小和临时文件目录等。

(2) 使用 DiskFileItemFactory 对象创建 ServletFileUpload 对象。

(3) 调用 ServletFileUpload. parseRequest()方法解析 request 对象,得到一个保存所有

上传内容的 List 对象。

（4）对 List 进行循环取出每一个 FileItem 对象，调用其 isFormField()方法判断是否是上传文件，如果是上传文件域，则将对象写入文件域中，如果是普通的表单域，则根据控件名获取前台数据。

创建并编辑接收照片 UploadPhotosvlt. java 代码如程序 8-19 所示。

程序 8-19　接收照片 UploadPhotosvlt

```
1.    package stdinfo. stdsvlts;
2.
3.    import java. io. File;
4.    import java. io. IOException;
5.    import java. util. List;
6.    import javax. servlet. ServletException;
7.    import javax. servlet. http. HttpServlet;
8.    import javax. servlet. http. HttpServletRequest;
9.    import javax. servlet. http. HttpServletResponse;
10.   import org. apache. tomcat. util. http. fileupload. FileItem;
11.   import org. apache. tomcat. util. http. fileupload. disk. DiskFileItemFactory;
12.   import org. apache. tomcat. util. http. fileupload. servlet. ServletFileUpload;
13.   import org. apache. tomcat. util. http. fileupload. servlet. ServletRequestContext;
14.   import dao. StudDaoPhoto;
15.
16.   / * *
17.    * Servlet implementation class UploadPhotosvlt
18.    * /
19.   public class UploadPhotosvlt extends HttpServlet {
20.       private static final long serialVersionUID = 1L;
21.
22.       / * *
23.        * @see HttpServlet # HttpServlet()
24.        * /
25.       public UploadPhotosvlt() {
26.           super();
27.       }
28.
29.       / * *
30.        * @see HttpServlet # doGet(HttpServletRequest request, HttpServletResponse
31.        *        response)
32.        * /
33.       protected void doGet(HttpServletRequest request, HttpServletResponse response)
34.               throws ServletException, IOException {
35.           request. setCharacterEncoding("UTF - 8");  //设置 request 编码
36.           String CONTENT_TYPE = "text/html; charset = UTF - 8";
37.           response. setContentType(CONTENT_TYPE);    //设置 response 的 CONTENT_TYPE
38.           response. setCharacterEncoding("UTF - 8"); //设置 response 编码
39.
40.           //dfif 对象为解析器提供解析时默认的一些配置
41.           DiskFileItemFactory dfif = new DiskFileItemFactory();
42.           //创建解析器
```

```
43.        ServletFileUpload sfu = new ServletFileUpload(dfif);
44.        sfu.setHeaderEncoding("UTF-8");              //解决了上传图片时如果为中文就是
                                                        //乱码的问题
45.    //获取 Web 应用工作目录的根目录
46.    String ServerRootPath = request.getSession().getServletContext().getRealPath("/");
47.    System.out.println("realpath:" + ServerRootPath);
48.    String PhotosFolder = "photos";                 //photos 可以保存在配置文件中从配
                                                        //置文件中读取
49.    String PhotosPath = ServerRootPath + PhotosFolder;
                            //上传文件存放目录(此路径是将上传的文件放在服务器硬盘路径)
50.    String fieldName = "";
51.    String filename = "";
52.    String stdNo = "";
53.    try {
54.        //开始解析(分析 InputStream)
55.        //每一个表单域当中的数据都会封装到一个对应的 FileItem 对象上
56.        List<FileItem> items = sfu.parseRequest(new ServletRequestContext(request));
57.        for (int i = 0; i < items.size(); i++) {
58.            FileItem item = items.get(i);
59.            //要区分是上传文件域还是普通的表单域
60.            if (item.isFormField()) {
61.                //普通表单域
62.                fieldName = item.getFieldName();    //表单中的控件名
63.                System.out.println("fieldName:" + fieldName);
64.                if(fieldName.equals("stdNo")){
65.                    stdNo = item.getString();
66.                }
67.            } else {
68.                //上传文件域
69.                //获得原始的文件名
70.                filename = item.getName();
71.                fieldName = item.getFieldName();         //表单中的控件名
72.                String fileType = item.getContentType();  //图像为 image/gif
73.                //本例中只处理图像文件上传
74.                if (fileType.equals("image/jpeg") || fileType.equals("image/gif")
75.                        || fileType.equals("image/jpg")) {
76.                    File PhotosDir = new File(PhotosPath);
77.                    if (!PhotosDir.exists()) {
78.                        PhotosDir.mkdirs();
79.                    }
80.                    File file = new File(PhotosPath + "\\" + filename);
81.                    item.write(file);
82.                }
83.            }
84.        }
85.        String stdPhotourl = "/" + PhotosFolder + "/" + filename;
86.        int affectedrows = 0;
87.        StudDaoPhoto myDao = new StudDaoPhoto();
88.        affectedrows = myDao.updateStdinfoPhoto(stdNo,stdPhotourl);
89.        //返回记录列表页面
90.            response.sendRedirect(request.getContextPath() + "/studinfomgmt/
```

```
StdInfolistPhoto.jsp");
91.            } catch (Exception e) {
92.                e.printStackTrace();
93.            }
94.        }
95.
96.    /**
97.     * @see HttpServlet#doPost(HttpServletRequest request, HttpServletResponse
98.     *         response)
99.     */
100.    protected void doPost(HttpServletRequest request, HttpServletResponse response)
101.            throws ServletException, IOException {
102.        doGet(request, response);
103.    }
104.
105. }
```

上面的代码中,第41行声明并实例化DiskFileItemFactory对象dfif。

第43行声明并实例化ServletFileUpload对象sfu。

第46行获取Web应用工作目录的根目录,用于生成照片保存路径。

第48行,本例中将照片保存在Web应用工作目录的根目录下的photos文件夹中。照片也可以保存在配置文件中,从配置文件中读取。

第49行生成照片文件保存路径PhotosPath,这个路径是上传的文件保存在服务器硬盘的路径。

第56行获取客户端上传对象链表。

第57~84行循环遍历客户端上传对象链表。

第58行获取一个对象item。

第60~83行,根据item的类型分别处理。

第62行,如果item是普通控件,获取控件名。

第64~66行,本例中普通控件中只需要获取学号,因此当控件名为"stdNo"时获取学号保存在变量stdNo中。

第67~83行,如果item是上传文件,则接收上传文件数据。

第70行获取原始的文件名。

第72行获取文件类型,本例中只处理图像,类型为image/jpeg、image/gif和image/jpg。

第76~79行检查保存文件的文件夹是否存在,如果不存在则创建文件夹。

第80行根据前面生成的文件名创建文件流句柄。

第81行将item的上传文件写入文件。

第85行根据照片保存路径和照片文件名生成照片URL,注意要使用相对路径。

第88行调用StudDaoPhoto的updateStdinfoPhoto()方法更新照片URL。

第90行返回照片列表页面studinfomgmt/StdInfolistPhoto.jsp。

在stdhome\left.jsp中"照片列表"菜单后面增加一项"上传照片"菜单,代码如下:

```
...
    <tr>
```

```
    <td><a href = "../studinfomgmt/StdInfolistPhoto.jsp" target = "mainFrame">照片列表</a>
</td>
    </tr>
    <tr>
    <td><a href = "../studinfomgmt/StdInfolistforAddPhoto.jsp" target = "mainFrame">上传照
片</a></td>
    </tr>
...
```

修改、保存代码后,编译、运行工程,单击"上传照片",考察上传照片功能的实现结果。

上传照片是在已有代码基础上的升级改造,在这个过程中除了可以掌握文件上传的基本技术外,还可以了解代码修改升级过程,体会 MVC 框架的优点,理解和掌握框架中的各层分离技术,为后续工作积累经验。

8.6　小　　结

本章介绍了 Web 应用系统的容错、操作便捷性等方面的技术内容,读者需要了解和掌握以下内容。

(1) Web 应用系统前端和服务器后台的交互实现相关技术。

(2) 数据有效性校验的方法。

(3) 前后台传参的方法。

(4) 提高系统容错能力的方法。

(5) 相关页面控件的使用方法。

读者可以进一步学习 Web 应用系统开发的高级技术,不断提高 Web 应用系统开发的能力和水平。

(1) 前台页面客户端脚本相关内容,如 JavaScript 中对 dom 对象的操作、正则表达式等。

(2) 前台页面框架,如 easyUI、Bootstrap 等,前后台异步通信技术,可以对导航、列表、条件选择等进行优化。

(3) 了解和熟悉 Web 应用系统中前台页面常用控件的使用方法。

(4) 后台 Servlet 封装的 Spring MVC、SpringBoot 等。

(5) JavaBean 相关的 Spring 等。

(6) 数据库持久层。

8.7　练　习　题

1. 参考本章相关代码,优化登录页面 StdLogin.jsp 和响应 StdLoginsvlt.java 的代码,增加用户 ID 和密码数据非空校验功能。

2. 参考本章相关代码,优化记录页面 StdInfoModi.jsp 和响应程序 ModiStdInfosvlt.

java代码,增加非空校验和年龄范围检查功能。其中,StdInfoModi.jsp中在获取待修改数据项时也要做校验。

3. 参考本章相关代码,优化多条件查询功能的查询条件录入页面QueryStdInfoMultConds.jsp和响应程序StdInfoRsltMultConds.jsp代码,增加非空校验功能。

4. 试采用控件onchange事件实现年龄数据的实时校验。

5. 参考程序7-4编写代码,在保存失败时将之前用户填写的信息保留在编辑记录页面对应的文本框中。

6. 试修改登录功能的JSP和Servlet代码,登录失败返回到登录页面时,在"用户ID"和"密码"文本框中保留之前的输入值。

7. 试修改程序8-12的代码,把下拉列表选项option标签设置为姓名,value的值仍为学号。

8. 试上传非图像文件考察上传照片功能的运行结果,试修改完善程序8-19的代码。

9. 在第4章建立商店商品相关数据表的练习题的基础上,开发一个小型的商品信息管理系统。

参 考 文 献

[1] 唐亮,王洋.Java 开发基础[M].北京:高等教育出版社,2016.
[2] 单光庆.Java 程序设计基础[M].成都:西南交通大学出版社,2020.
[3] 李红日.Java 程序设计研究[M].北京:北京理工大学出版社,2020.
[4] 耿祥义.Java 基础教程[M].北京:清华大学出版社,2004.
[5] 王飞雪,鲁江坤,陈红阳.Java 应用开发与实践[M].西安:西安电子科技大学出版社,2020.
[6] 孙静,董纪阳.Java 语言程序设计[M].大连:大连理工大学出版社,2020.
[7] 石磊,张艳.Java 开发实例教程[M].北京:清华大学出版社,2017.
[8] 梁勇强,蒙峭缘.Java 开发实用技术[M].成都:西南交通大学出版社,2017.
[9] 杨欢耸,等.Java 基础与开发[M].北京:北京邮电大学出版社,2019.
[10] 杜少波,王希军.Java 面向对象程序设计[M].北京:北京理工大学出版社,2019.
[11] 徐俊武.Java 语言程序设计与应用[M].武汉:武汉理工大学出版社,2019.
[12] 千锋教育高教产品研发部.Java 语言程序设计[M].北京:清华大学出版社,2020.
[13] 李圣文,杨之江,龚君芳.Java 开发技术实践[M].北京:科学出版社,2015.
[14] 何桂兰,陈素琼.Java 软件开发基础[M].西安:西安电子科技大学出版社,2015.
[15] 范凌云,兰伟,杨东.Java 程序设计项目化教程[M].上海:复旦大学出版社,2020.
[16] 孙滨,李恋,陈强.Java EE 入门到实战[M].哈尔滨:哈尔滨工程大学出版社,2020.
[17] 程杰.Java 面向对象程序设计教程(微课视频版)[M].北京:清华大学出版社,2020.
[18] 占小忆,廖志洁,周国辉.Java 程序设计案例教程[M].北京:人民邮电出版社,2020.
[19] 罗晓娟,李希勇.Java 程序设计案例教程[M].北京:中国铁道出版社有限公司,2020.
[20] 梁立新,何欢.Java 程序设计与项目案例教程[M].北京:清华大学出版社,2020.
[21] 凯·S.霍斯特曼.Core Java.Volume I,Fundamentals.北京:人民邮电出版社,2019.
[22] Y Daniel Liang. Introduction to Java programming and data structures:comprehensive version[M].
     北京:机械工业出版社,2020.
[23] 柳伟卫.Java 核心编程[M].北京:清华大学出版社,2020.
[24] 聂常红.Web 前端开发技术:HTML、CSS、JavaScript[M].北京:人民邮电出版社,2020.
[25] 陈婉凌.JavaScript 网页程序设计与实践[M].北京:清华大学出版社,2020.
[26] 胡秀娥.HTML+CSS+JavaScript 网页设计与布局实用教程[M].北京:清华大学出版社,2018.
[27] 白泽.Web 前端一站式开发手册:HTML5+CSS3+JavaScript[M].北京:化学工业出版社,2020.
[28] 王震,盛立,秦文友.HTML5+CSS3+JavaScript 从入门到精通[M].北京:电子工业出版
     社,2019.
[29] 张振,王修洪.HTML+CSS+JavaScript 网页设计与布局:从新手到高手[M].北京:清华大学出
     版社,2019.
[30] 王征,李晓波.HTML5+CSS3+JavaScript 从入门到精通[M].北京:清华大学出版社,2019.
[31] 刘爱江,靳智良.HTML5+CSS3+JavaScript 网页设计入门与应用[M].北京:清华大学出版
     社,2019.
[32] 张星云,彭进香,邢国波.HTML 5+CSS 3 网页设计教程[M].北京:清华大学出版社,2021.
[33] 周文洁.HTML5 网页前端设计[M].北京:清华大学出版社,2021.
[34] 朱三元.Web 前端设计:HTML5+CSS3+JS+jQuery[M].北京:北京邮电大学出版社,2021.
[35] 表严肃.HTML5 与 CSS3 核心技法[M].北京:电子工业出版社,2021.
[36] 黑马程序员.HTML+CSS+JavaScript 网页制作案例教程[M].北京:人民邮电出版社,2021.
[37] 陶国荣.HTML5+CSS3+JavaScript 超详细通关攻略[M].北京:清华大学出版社,2021.

[38] 王浩,国红军,邓明杨.HTML5+CSS3+JavaScript Web前端开发案例教程[M].北京:人民邮电出版社,2020.

[39] 安兴亚,关玉欣,云静,李雷孝.HTML+CSS+JavaScript前端开发技术教程[M].北京:清华大学出版社,2020.

[40] 辛明远,石云.HTML5+CSS3网页设计案例教程[M].北京:清华大学出版社,2020.

[41] 赵良涛.HTML+CSS+JavaScript网页制作实用教程[M].北京:人民邮电出版社,2020.

[42] 姬莉霞,李学相.HTML5+CSS3网页设计与制作案例教程[M].北京:清华大学出版社,2020.

[43] 丁亚飞,薛燚.HTML 5+CSS 3+JavaScript案例实战[M].北京:清华大学出版社,2020.

[44] 王刚.HTML5+CSS3+JavaScript前端开发基础[M].北京:清华大学出版社,2019.

[45] 耿祥义,张跃平.JSP实用教程[M].3版.北京:清华大学出版社,2015.

[46] 郭新,张颖,王丽梅.JSP实训教程[M].2版.北京:清华大学出版社,2019.

[47] 杨占胜,王鸽,王海峰.JSP Web应用程序开发教程[M].2版.北京:电子工业出版社,2018.

[48] 王大东.JSP程序设计[M].2版.北京:清华大学出版社,2021.

[49] 林龙,刘华贞.JSP+Servlet+Tomcat应用开发从零开始学[M].2版.北京:清华大学出版社,2019.

[50] 徐天凤,李桂珍,郭洪荣.JSP编程技术[M].北京:清华大学出版社,2018.

[51] 马军霞,张志锋,皇安伟等.JSP程序设计实训与案例教程[M].2版.北京:清华大学出版社,2019.

[52] 徐宏伟,刘明刚,高鑫.JSP编程技术[M].北京:清华大学出版社,2016.

[53] 徐辉,陆璐,侯丽敏.JSP程序设计[M].青岛:中国海洋大学出版社,2017.

[54] 何月顺,张军.JSP动态网页设计案例教程[M].北京:电子工业出版社,2021.

[55] 陈磊,徐受蓉.JSP设计与开发[M].3版.北京:北京理工大学出版社,2019.

[56] 卢守东.JSP应用开发案例教程[M].北京:清华大学出版社,2020.

[57] 殷立峰.JSP Web应用开发[M].2版.北京:清华大学出版社,2019.

[58] 林信良.JSP & Servlet学习笔记:从Servlet到Spring Boot[M].3版.北京:清华大学出版社,2019.

[59] 高雅荣.JSP Web技术及应用教程[M].北京:中国铁道出版社,2019.

[60] 马建红,李学相.JSP应用与开发技术[M].3版.北京:清华大学出版社,2019.

[61] 侯玉香,谭鸿健,郑旋.JSP Web应用开发案例教程[M].上海:上海交通大学出版社,2017.

[62] 刘何秀,郭建磊,代敏.JSP程序设计与案例实战:慕课版[M].北京:人民邮电出版社,2018.

[63] 谷志峰,李同伟.JSP程序设计实例教程[M].北京:电子工业出版社,2017.

[64] 刘小强,张浩.JSP程序设计项目教程[M].北京:知识产权出版社,2016.

[65] 黄玲,罗丽娟.Java EE程序设计及项目开发教程:JSP篇[M].重庆:重庆大学出版社,2017.

[66] 王春明,史胜辉.JSP Web技术实验及项目实训教程[M].北京:清华大学出版社,2016.

[67] 崔连和.JSP程序设计与案例教程[M].北京:机械工业出版社,2016.

[68] 贾志城,王云.JSP程序设计:慕课版[M].北京:人民邮电出版社,2016.

[69] 孙鑫.Servlet/JSP深入详解:基于Tomcat的Web开发[M].北京:电子工业出版社,2019.